ある北大生の受難

国家秘密法の爪痕

上田誠吉

花伝社

本書は、一九八七年九月に朝日新聞社より刊行された。

ある北大生の受難——国家秘密法の爪痕◈目　次

目　次

復刊に寄せて

田島泰彦（上智大学教授）

本書は、故上田誠吉弁護士が同じタイトルのもと朝日新聞社から一九八七年九月に刊行したものを花伝社が復刻した書物である。今回の復刊書は、元の本と装丁もほぼ同じトーンで、とても懐かしく感じた。懐かしいだけではない。私たちはいま、秘密保全法制の名のもとに国家の秘密を厳しく取り締まる法律を制定すべきだという提案が進められようとしているので、本書の刊行は重要な今日的な意義をもつ。

本書の狙いを著者は「あとがき」で次のように記している「この本は、いうまでもなく、自由民主党が立法を企画している国家秘密法案に反対する努力のなかで執筆を思い立ったもので、この本自身が法案反対の運動に貢献することを目指したものです。前著『戦争と国家秘密法』（一九八六年二月、イクォリティ刊）は、戦時下日本の国家秘密法の運用状況とその爪痕を、大量観察でつきとめる仕事でしたが、この本では、故宮沢弘幸さんという一人の犠牲者とその事件の個別研究を通じて、同様に国家秘密法の戦時下の爪痕をつきとめようとしてみました」。

本書のメインタイトルにもなっている「ある北大生」とはこの宮沢弘幸さんを指しているのだが、本書は、彼がアメリカ人の恩師に話した旅行談が戦前の秘密保護法（軍機保護法）の定める「軍機」の漏えいにあたるとして一五年の懲役に処せられたという事件を素材にして、受難の真相を克明に描き、戦時下にある国家秘密法のすさまじさを白日のもとにさらした力作である。なお、著者は本書のほかに、先の「あとがき」にも記したように、本書を生み出すきっかけになった前著『戦争と国家秘密法』と、本書の続編的な性格をもつ『人間の絆を求めて』（花伝社、一九八八年）も公刊しているので、あわせて参照を乞いたい。

著者がなぜこの本を書くに至ったのかは、先に紹介した「あとがき」にあるように、当時提起されていた国家秘密法案に反対する運動に貢献するために、法案と重なる戦前の国家秘密法の負の歴史的経験を批判的に検証することを通して、かつての悪夢を再び繰り返してはならないという痛切な思いであり、使命感である。若い読者は実体験がないのでわかりにくいかもしれないが、この本が書かれた一九八〇年代の半ば頃、スパイを厳しく処罰し、国家の秘密を厳重に取り締まるために国家秘密法を制定するという動きが中曽根政権を支える与党自民党によって強力に進められ、八五年には国会に法案も上程されるに至った。

しかしながら、「スパイ防止」や「国家秘密保護」などの名目のもとに、国民の知る権利やジャーナリスト、市民の取材・報道の自由を不当に侵害するなどとして弁護士会、報道機関、研究者、市民などからの厳しい批判と反対に直面し、結局法案は挫折し、制定されることはなかった。著者は、こうした運動の先頭に立って、本書をはじめとする戦前の国家秘密法の検証を中心に旺盛な著作活動を展開し、反対運動に多大な役割を果たした。

復刊された本書は、かつての国家秘密法案を考える上で参考になるという過去の話にとどまらないのが、実はもっとも肝要なポイントだ。著者が切り開いた戦前の国家秘密法の亡霊は国家秘密法案という形で再現したが、国民の強力な反対運動によって、法律になることはなかった。しかしその後、九・一一同時多発テロのまたとない機会に乗じて、自衛隊法の改正という形で防衛秘密の保護を強化する新たな仕組みが導入され、国家秘密法案の部分的導入が進んだ。

そして、尖閣映像の流出を機に、民主党政権は、国の安全や外交、公共の安全と秩序の維持に関する情報を「特別秘密」としてその漏えいと取得を禁じ、これに重罰を科す一方で、秘密を扱う可能性をもつ公務員等を調査し、排除する管理システムも整備する秘密保全法制定を進めた。昨年の政権交代により、自公政権が復活したが、もともと秘密保全法制強化の方向は、前回の自公政権自体が検討を始めようとした経緯があるので、民主党が提起した秘密保全法は復活した自公政権によって促進される可能性がきわめて高いと危惧される。

このような秘密保全法が制定されるならば、福島原発事故で直面した放射能なども含む重要な情報がお上の意のままにますます秘匿され、操作されることになりジャーナリストや市民の取材や調査も制限され、市民の目の届かないところに追いやられることになる。政府の情報の統制とコントロールが進むなか、市民の知る権利と情報公開は骨抜きになり、この国の民主主義は根本的に変質しかねない（なお、秘密保全法について詳しくは、新刊の田島泰彦＝清水勉編『秘密保全法批判』（日本評論社）を是非参照されたい）。

この本をはじめとして著者が抉り出した戦時下での国家秘密法の亡霊を現代の秘密保全法で再現し、復活させるようなことがあっていいのだろうか。かつて国家秘密法の反対運動がこの再現を許さず、食い止めたように、私たちは秘密保全法の制定に正面から向き合い、毅然と対峙し、悪法を葬り去ることが求められているのではないか。

復刊された本書は、そうした異議申し立てと運動を支える際にこの上なく有益で重要な意義をもつ。この国の自由と民主主義を考え、憂慮する多くの人たちに読んで欲しいと強く願う。

プロローグ

私は、一九八六（昭和六十一年）十一月中旬、出版社から回送されてきた一通の手紙を受け取った。差出人は、アメリカ・コロラド州ボゥルダーに住む秋間浩という人だった。その手紙には次のように書かれていた。

一九八六年十一月九日

上田誠吉様

初めてお手紙を差し上げます。私は第二次大戦中に〝スパイ〟として処罰された、もと北大生宮沢弘幸の妹美江子を妻としている者でございます。先生が〝スパイ事件〟の解明に努力しておられることを知り、私達夫婦は心からお礼を申しあげます。

私達は一九六五（昭四十）年以来アメリカに住んでおりますが、去る九月末に日本を訪問し、約二週間東京に滞在しました。その際、先生の著書『戦争と国家秘密法』を読み、大きな感動を覚えました。

私が美江子と最初に会いましたのが一九五〇（昭二十五）年、結婚したのが一九五五（昭三十）年ですから、一九四七（昭二十二）年になくなった義兄にあたる弘幸氏とは面識はありません。しかしその痛ましい事件については二人の間に結婚の話が持ち上がる前から聞いておりました。それでも先生の著書に記されているような詳しいことは美江子も知りませんでしたし、両親も知らなかったのではないかと察せられます。しかも、戦争中は当然だったとしても、戦後になってもあの事件を世間に知られたくないという空気が宮沢家の人々の間に漂っていたようです。もし先生が取り上げてくださらなかったら、あの事件ばかりでなくすべての〝スパイ事件〟が闇から闇へ葬られていたことでしょう。考えてみると全く恐ろしい話です。

先生の著書を読ませて頂き、そこで取上げられた他の多くの事件と較べると、宮沢弘幸の事件は、判決の重さからいって、ゾルゲ事件に次ぐ大きな〝スパイ事件〟だったということを知り、今更ながら驚いています。開戦時に日本に滞在していたアメリカ人はレーン夫妻のほかにも沢山いたと思われます。それなのに、何故宮沢弘幸とレーン夫妻だけが捕らえられ、拷問にかけられ、十年も前から世界中に知られていた〝軍の秘密〟を理由に処罰されたのでしょうか。

当時の北大が自由主義的であったから誰かを槍玉にあげて見せしめにするためだったのでしょうか？　しかし自由主義という点では安倍能成校長をいただいていた当時の一高なども同じではなかったでしょうか？　それとも、都から遠く離れた〝いなか〟の警察が手柄をあげたいために、やはり〝いなか〟の裁判所と組んで〝スパイ事件〟を造り上げる必要があったのでしょうか？　もしそうだったとしても、どうして十五年という重い刑が必要だったのでしょうか？　どうみても公正とはみられない一審判決が、どうして大審院でもそのまま通ってしまったのでしょうか？　この事件によって宮沢家の全部の人が精神的にも経済的にも大きな犠牲を強いられましたが、当時女学生だった美江子にさえも学校の行き帰りに私服の尾行がついていたそうですから、政府の方でも多額の経費を使っている筈です。むしろ愛国者であった宮沢弘幸と親日家であったレーン夫妻を処罰することによって、政府や軍に何か益するところがあったのでしょうか。

先生の著書ならびに朝日新聞の〝スパイ防止〟の連載（注・「スパイ防止ってなんだ」十月十二日〜二十一日、十回）から、もう一つの点で深く考えさせられました。治安維持法で投獄された人々が戦後大手を振って堂々として歩いているのに、〝スパイ〟の罪を着せられた者が殆どすべて日陰者として暮らしていることを知りました。同じ軍国主義、戦争の犠牲者なのに、どうしてこうも違うのでしょうか？

先生の著書から、今まで知らなかった事実をいろいろと知ることができましたが、事実を知るとともに、更に新しい疑問がわいてきます。本当に勝手なお願いで申し訳ありませんが、もしできましたら、スパイ防止法阻止という現在最も重要なお仕事の妨げにならない範囲で、宮沢弘幸事件を更に深く解明して下さるように、お願いします。

私達夫婦は真の世界平和を心から願っています。大国間の力のバランスによる表面上の平和ではなく、一人一人の基本的人権が守られているような明るい平和な社会の出現を願っています。個人一人一人の自由に知る権利、考える権利、発言する権利、公正な裁判を受ける権利などがそのような社会の基礎であることはいうまでもありません。自民党が提案を用意している〝スパイ防止法〟が成立すれば、このような基本的人権がまた侵されるようになることは明らかで、その法案阻止のために精力的に行動しておられる先生に大きな声援を送りたいと思います。

どうぞ今後もますますお元気に御活躍なさいますよう、心からお祈りしております。近い将来、機会がありましたら是非お会いしていろいろお話を伺いたいと思います。

本当に有難うございました。

秋間　浩

追伸　美江子は〝悲しみが一杯〟で何もかけません、先生にどうぞ宜しくお伝え下さいと申しております。

私は一読して驚いた。そして、私の著書をここまで深く読みとってくれた読者のいたことに、感動した。

この見知らぬ読者から手紙をもらう九ヵ月ほど前の一九八六年二月、私は『戦争と国家秘密法』（イクォリティ刊）という本を上梓した。この本は、自由民主党が立法を企画している国家秘密法案に反対するために、法案批判の立場にたって、戦中期の国家秘密法制と言論弾圧法の運用の実際を、警察、検察、裁判の分野にわたって解明しようとしたものだった。いまこの法案は、「防衛秘密を外国に通報する行為等の防止に関する法律案」とその名を変えて、国会提出のチャンスをねらっている。私はこの本のなかで、宮沢弘幸（一九一九年〜一九四七年）の「スパイ」事件をとりあげ、約十ページにわたって批判的に紹介しておいた。

宮沢弘幸の事件とは、一九四一（昭和十六）年十二月八日、太平洋戦争開戦の日に、北海道帝国大学（現・北海道大学）工学部電気工学科の学生で旅行好きだった宮沢弘幸が、師事してきた北大予科英語教師のアメリカ人、ハロルド・メシー・レーン（一八九二年〜一九六三年）、ポーリン・ローランド・システア・レーン（一八九二年〜一九六六年）夫妻に旅行先での見聞などを語ったことが軍機保護法違反にあたるとして、夫妻らとともに検挙され、懲役十五年、同十二年という重い刑罰に処せられた事件である。この関係では、ほかに渡辺勝平、丸山護、黒岩喜久雄の三名が検挙、処罰された。

秋間の手紙は、宮沢弘幸の事件に関する疑問と問題点のすべてを言い尽くしている。しかし、この秋間の問いかけに答えるのは、容易でない。資料は、目下のところ、『大審院刑事判例集』に載った大審院判決の一部分しかないからだ。

私は、とりあえず、アメリカにいる秋間浩に次のような返信を送った。

一九八六年十一月二十日

秋間　浩様

出版社から回送を得て、十一月九日付貴信、有り難く拝受致しました。朝日紙上で、秋間様御夫妻のことを存じておりましたが、貴信を頂戴して、拙著をここまで深くお受けとめ頂いたことを知り、衷心より感謝申しあげます。

拙著を書きあげた時に、一番心にかかっていたことは、断りもなく実名をあげて登場して頂いた犠牲者や近親の方々に、おもいもかけないご迷惑をおかけすることはないか、ということでした。貴信を拝見して、安堵いたし、それにある種の感動を覚えている次第であります。

私は宮沢さんのことを警察記録などのなかに発見し、一番心を痛めたのは、一九四三年、そのとき私は高校生（注・旧制）でしたが、あの戦争が苛烈になったときに懲役十五年という気の遠くなるような判決の確定により、下獄していった時の宮沢さんのお気持ちでした。どうしてこんな重い刑が科せられたのか、その解明をしてみよう、ということでした。しかし、私は結局そのことに成功しませんでした。一審判決がないばかりか、大審院判決でさえも判例集に登載された、その一部しかみつかっていないのです。それに重大な問題がありますことは、拙著に書いた通りでありますが、しかし肝心の事実関係については、一審判決の一部分しか引用されておらず、宮沢さんの罪に問われた行為の一部分しかわからなかったからであります。その一部分の一審判決から推認できることは、行為としては、第一が軍機の探知、第二、第三が軍機の漏泄で（以上、大項目）、第一には（一）から（三）まであり（以上、中項目）、その（一）には（イ）から（ハ）までの二項目、（二）には（イ）、（ロ）の二項目、（三）には（イ）から（ト）までの七項目があること（以上、小項目）、第二は第一で「探知」したことをレーン夫妻に語ったことが「漏泄」とされていること、第三の内容は不明であること、などであります。宮沢弘幸さんの弁護人であった斎藤忠雄氏のお話によれば、例の根室のこと以外はもっと些細なことであった、ということのようでありますが、詳細は判明致しません。

実は訴訟記録は、札幌地検にあるかも知れないのです。もう保存期間をとっくに過ぎていますから、廃棄されたと考える方が妥当ですが、しかし何かの都合で保存されている可能性もない、とはいいきれません。いつか便を得て札幌にいくときは、地検を訪ねて調べるつもりで、その際は結果を必ずお知らせいたします。

目下、国家秘密法問題で次の著作（『核時代の国家秘密法』・大月書店刊）にかかっており、それにも宮沢さんのことをとりあげておりますが、しかし前著の枠をでるものではありません。

もう一度、貴信にお礼をいわせていただきます。有り難うございました。

上田誠吉

私はこの手紙で秋間浩に対して謝意は表したが、しかし宮沢弘幸事件の調査にこれ以上打ち込む気持ちはもっていなかった。ついでの機会に札幌地検を訪ねて　刑事事件の訴訟記録と一審判決の所在を確かめよう、という程度の軽い気持ちだった。

Ⅰ　判決書の行方を追って

消えていた一審判決と記録

しかし、日がたつにつれて、秋間夫妻の強い期待が私の気持ちを重くした。このまま放置しておいてよいのか、と考えるようになった。そこで年末からとりあえず記録と判決の所在調査にとりかかることにした。

戦前は刑事事件の確定訴訟記録（以下、「記録」とする）は、判決を含めて、確定した判決をした裁判所の検事局が保管することになっていたから、その仕事をひきついだ札幌地方検察庁が宮沢事件の記録を保管していると考えられた。

そこで私は、まず札幌地検に対して、一九八六年十二月十九日付で、宮沢弘幸《みやさわひろゆき》、渡辺勝平、レーン夫妻の、翌年一月八日付で、黒岩喜久雄、丸山護の記録と判決の閲覧謄写申請を出した。その申請書のなかに、一月八日に私と藤原真由美弁護士が札幌地検に出向く旨を予告しておいたら、暮れも追ってから札幌地検から私に電話がかかってきた。とても一月八日までには探しきれないから、予定を延期してほしい、というのだ。私は当方にも都合があるから一月八日までに探してほしい、と答えた。年が明けてから私は風邪をひいて発熱し、結局、札幌地検には藤原弁護士が一人で出向いた。地検は、渡辺と丸山については判決がみつかったということで、写しをわたしてくれたが、その他の判決については見当たらず、記録はすべての人については保存していない、という返事だった。

なお、三月六日付で札幌地検総務部長今井健次から、宮沢、レーン夫妻、黒岩について「判決書は、当庁に保存されておりませんので、貴意に副えません」という書面による返事があった。

次に札幌地方裁判所に対しては、一月二十七日付で宮沢、レーン夫妻、黒岩について判決閲覧謄写の申請を出した。これに対して二月十日付で札幌地裁事務局総務課長都築豊から返事があった。

「過日閲覧謄写申請がありました宮沢弘幸ほか三名に対する軍機保護法違反事件の判決原本等について当庁刑事訟廷事務室において調査したところ、当然のことながら記録判決原本は当庁に保管なく、事件簿は廃棄済で、判決謄本の保存なく、全く手がかりがありませんので、御了承下さい。おって、判決の保存先について部内で検討した結果、他官署のことで推測に過ぎませんが、もし、被告人が刑に服しているならば、刑務所に保存しているかもしれないという程度のことしか分かりませんでした」というのである。

宮沢が一九四五（昭和二十）年十月十日に出所した宮城刑務所に対しては、二月七日付で判決の閲覧謄写申請を出したところ、二月十三日付で宮城刑務所長橘田平治から「先日、依頼のありました宮沢弘幸に関する記録については廃棄しており、現在、保管されておりませんので御了承下さい」という回答があった。

このようにして私は、宮沢弘幸の一審判決をなんらかのかたちで保管していたとみられる官署のいずれからも、その形跡が消えていたことを確認しなければならなかった。札幌地検についていえば、保存期間をこえたので廃棄されたというのだろうが、同じ時期に判決のあった、そして宮沢やレーン夫妻とは比較にならないほどの軽い刑に処せられた渡辺と丸山の判決が保管されていて、宮沢弘幸たちの判決が保管されていないのは何故だろうか。私は、納得するわけにはいかない。

大審院判決を発見

他方、宮沢弘幸の大審院判決はその一部分が『大審院刑事判例集』に載っており、一審判決の一部分もそこに引用されているので、大審院の後身、最高裁判所の、判例集編集にかかわる部門に一審判決の写しが残されている可能性があると考えて、調査したが、発見できなかった。しかし、大審院判決の全文は、「昭和十八年五月分四冊の四　刑事判決原本　大審院」という簿冊に綴られていることが判り、一月二十六日にその写しを入手した。Ｂ４の罫紙で五十四枚に達するもので『判例集』に載ったのはその約四分の一、十四枚分にすぎなかった。

昭和十八年（れ）第二一六号、被告人宮沢弘幸に対する軍機保護法違反事件の判決書。昭和十八年五月二十七日宣告され、大審院第一刑事部の裁判長判事久保田美英、判事日下部義夫、判事宮城実、判事十川寛之助、判事伏見正保の署名がある。主文は上告棄却、これによって、札幌地裁が宮沢に対して一九四二（昭和十七）年十二月十六日に言い渡した懲役十五年の有罪判決は確定した。

一方、レーン夫妻はいったん上告したが、その後、交換船で帰国するに当たり、上告を取り下げたものと私は解してきたが、しかしよく考えてみるとこれは私の推測にすぎず、根拠があったわけではない。そこで三月三日に最高裁で調べたところ、夫妻に対するそれぞれ別個の判決を発見し、しばらくのちにその写しを入手した。ハロルドの判決はＢ４罫紙八枚、ポーリンの判決は同じく六枚である

昭和十八年（れ）第二一七号、被告人ハロルド・メシー・レーンに対する軍機保護法違反事件の判決書。昭和十八年六月十一日宣告され、大審院第三刑事部の裁判長判事三宅正太郎、判事神原甚造、判事江国亀、判事佐伯顕二、判事伏見正保の署名がある。

昭和十八年（れ）第二一八号、被告人ポーリン・ローランド・システア・レーンに対する軍機保護法違反事件の判決書。昭和十八年五月五日宣告され、大審院第二刑事部の裁判長判事沼義雄、

判事駒田重義、判事久礼田益喜、判事荻野益三郎の署名がある。

主文はいずれも上告棄却で、これらの判決により、札幌地裁がハロルドに対して、一九四二（昭和十七）年十二月十四日に言い渡した懲役十五年、ポーリンに対して同年十二月二十一日に言い渡した懲役十二年の有罪判決がそれぞれ確定した。

レーン夫妻に対しては、国防保安法違反はついていない。『外事警察概況』にそのように記載されていたが、それは間違いだった。

三人の大審院における事件番号は、一番違いで並んでいたのだ。

「犯跡」の焼却

こうして一審判決は遂に存在しないことが判明した。なお昭和十六年五月二十六日付司法大臣訓令「国防保安法及び治安維持法所定の刑事手続の適用を受くべき犯罪事件に関する稟請及び報告方の件」によると、軍機保護法違反を含むこの種の事件について被疑者を検挙したときは、検事正は司法大臣に報告し（第三条）、予審終結決定、略式命令、判決があったときは、裁判所長は裁判書の謄本二通を添えて司法大臣に報告することになっていた（第十七条）。そこで司法省にも札幌地裁所長から報告があって、宮沢らに対する判決謄本が保管されていたはずだが、現にその後身である法務省には保管されていない（「横浜事件再審裁判を支援する会」会報2号、大川隆司弁護士の報告)。

これらの諸官庁のうち、確実に保管されていて後日に「廃棄」などの理由でなくなってしまったのは、札幌地検、宮城刑務所、法務省の三者である。戦前は一九一八(大正七)年の民刑訴訟記録保存規程によって保存、廃棄が行われてきたが、その規程の内容は不詳である。戦後は、刑事事件については、判決は裁判所、記録は検察庁に分けて保存され、禁固以上の刑の判決は永久保存となり、記録については、一九五〇(昭和二十五)年の検務局長通達、一九七〇(昭和四十五)年の検務関係文書等保存事務暫定要領により、死刑判決の事件は永久、無期判決の事件は二十五年、十年以上の判決の事件は十五年という具合に七段階にわけて、保存期間がきめられていた。そして本来は刑事訴訟法五十三条により、その公開は保障されており、保存、閲覧についても「別に法律でこれを定める」ことになっておりながら、その法律が「刑事確定訴訟記録法」として制定されたのは、一九八七年五月、第一〇八国会になってからである。

それにしても、人々の苦難の歴史が抹消される速度のはやいこと、腹立たしい限りである。

これらの記録と判決は、一九四五(昭和二十)年八月の敗戦直後、連合国軍が日本に進駐した前後に、すべて官庁自身の手によって焼却されたものとみて間違いなかろう。

戦時下の北海道各地で、治安維持法、軍機保護法違反などの事件の弁護にあたった弁護士高田富与は、一九四〇(昭和十五)年から一九四一年にかけて、道内各地で五十名を越す小学校教員を治安維持法違反で検挙処罰した「北海道綴方連盟」事件でも弁護を引き受け、その記録を手元に残していた。その高田は、次のように証言している。

「この事件の記録は、終戦後間もなくの頃、司法省の指示であるとして、国防保安法、軍機保護法の事件の記録とともに、焼却して貰いたいと、裁判所から口頭で求められたけれども、私はこれに応じないで、今日まで保存していたのである。従って裁判所、検事局等で保存していたこの事件の記録類は、すべて焼却されて、現在は全く保存せられていないのではないかと思う」（『札幌弁護士会百年史』）

宮沢事件の弁護にあたった斎藤忠雄弁護士も、やはり、裁判所から事件記録の焼却を求められた、と語っている。

保存期間が過ぎて、事務的に廃棄されたのではない。司法省の指示によって、自分たちの「犯跡」を消去するために、選び出して焼却したのだ。とくにレーン夫妻との関係は、米軍進駐を前にして、司法省の警戒心を刺激したに違いない。そして今日では、焼却したこと自体が「国家秘密」化されて、厚いベールに包まれている。

「ゾルゲ事件に次ぐ」か

秋間浩の手紙による問いかけは、「宮沢弘幸の事件は、判決の重さからいって、ゾルゲ事件に次ぐ大きな〝スパイ〟事件」「どうして十五年という重い刑が必要だったのでしょうか」、というのだ。この問いかけの意味は重い。現に宮沢らの一審判決に関与した当時の裁判官、宮崎梧一は私に、「その頃の、その種の事件の量刑として、特に重いものとはいえないと思いますが」というのである。

そこでまず、宮沢とハロルド・レーンに対する懲役十五年、ポーリン・レーンに対する懲役十二年という刑が、他の事件の量刑と比較して、果たしてほんとうに重かったのか、重かったとすれば、それはどの程度に重かったのかを明らかにしてみよう。

後に明らかにするように、開戦の日の朝、特高警察が「戦時特別措置」の一環として一斉検挙を行なった「外諜容疑者」は百二十六名にのぼる。これらの人々はどんな処分を受けたのであろうか。

『外事警察概況』（昭和十七年）の「開戦時における外諜容疑一斉検挙者の処分状況」をみると、札幌における処罰が重く、中でも宮沢とレーン夫妻に対するものがとびぬけて重刑である。

まず、百二十六名の検挙者のうち、「起訴猶予」「嫌疑不十分その他」による不起訴処分になった人、それぞれ三十九名、三十一名、合計七十名。責付釈放（注、親族などに責任を負わせて釈放すること）された人一名。これに送局もされずに釈放された人六名を加えると、なんと七十七名、六〇％強の人たちが起訴するに足る資料が無かったということになる。検挙がいかに目茶苦茶で、乱暴なものであったかが一目瞭然である。「平素の視察」に励んだ特高外事警察の目が、いかに節穴であったかをこれほど明白に示す数字はないだろう。これで「米英系外諜組織は一応壊滅せられ」などと豪語しているのだから、始末におえない。なんの関係もない人を「スパイ」に仕立てたということではないか。他に起訴前に死亡した人一名があるから、起訴された人は、百二十六名から七十八名を差し引いた四十八名である。

昭和十七年末現在で、起訴されていて未だ一審判決のない人が神奈川に五名いる。それに公訴取消で公訴棄却になった人六名、これは送還された外国人である。この合計十一名を差し引くと、起訴されて一審判決のあった人は三十七名となる。そのうち、百円から七千円までの罰金刑に処せられた人、十四名。この十四名を差し引くと、懲役または禁固刑を言い渡された人は二十三名となる。この二十三名中、執行猶予になった人、七名。その内訳は懲役二年、執行猶予五年の者一名（黒岩喜久雄）、懲役一年六月、執行猶予三年の者五名、懲役六月、執行猶予三年の者一名である。従って実刑を受けた人は十六名となる。検挙された人百二十六名に対し、僅か一二％にすぎない。

この実刑を受けた人十六名のうち、懲役一年以下十名、同一年以上二年以下三名（渡辺勝平、丸山護を含む）である。この合計十三名を差し引いて、最後に残った三名が懲役十五年の宮沢とハロルド・レーン、それに同十二年のポーリン・レーンであった。すべてに共通の罪名は、国防保安法、軍機保護法、軍用資源秘密保護法、国家総動員法、陸軍刑法、外為法違反などであった。

渡辺と丸山は懲役二年であるが、これが宮沢、レーン夫妻に次いで重い刑なのである。しかしそれにしても宮沢とレーン夫妻に対するとびぬけて重い刑罰の根拠はなんであったのか。もう暫く比較量刑論を進めてみよう。

私は拙著『戦争と国家秘密法』の中で、戦時中に国家秘密法によって検挙、処罰された百数十人の人々の例を挙げたが、そのうち処罰されたことのほぼ確認できるのは、九十四名である。その内、死刑の二名は尾崎秀実とR・ゾルゲ、無期懲役の二名はB・ヴーケリッチとM・クラウゼンで、すべてゾルゲ・尾崎事件関係者であるから、これら四名を九十四名から差し引いたあとの九十名について、その量刑を検討してみると、次の通りとなった。

罰金刑二名、執行猶予付き懲役・禁固刑三十名、懲役数ヵ月九名、同一年四名、同一年六月三名、同二年十二名、同三年十三名、同四年二名、同五年七名、同六年三名、七年一名、十二年一名、十三年一名、十五年二名。

この懲役十五年二名が宮沢とハロルド・レーンであり、懲役十二年一名がポーリン・レーンであった。つまり秋間浩の「ゾルゲ事件に次ぐ」という指摘は正しかったのである。

V・O・W・ピーターズは、イギリス情報機関から派遣されて来日し、海軍の対潜水艦探知技術の情報を集めていたとみられたが、そのピーターズにして神戸地裁の一九四〇（昭和十五）年九月二十日の一審判決は懲役八年で、控訴審の大阪控訴院では一九四一年二月八日の判決で五年に減刑され、この年五月二十四日に上告棄却によって確定した。この事件について、『思想月報』七五号は「外国人によるスパイ事件の定型的事案」といい、『外事警察概況』（昭和十五年）は「外諜活動の典型的態様」と評していた。

白系露人N・V・シャルフェーフはレリメッシュ商会の支配人で、一九三八（昭和十三）年頃から情報収集にあたり、戦艦陸奥《むつ》、長門《ながと》級が積載している偵察用飛行機の機数、南京渡洋爆撃機の発進基地の所在などの的確な情報を米英側に流していたとみられる。このシャルフェーフに対してでさえ、樺太地裁が一九四三（昭和十八）年六月二十五日に言い渡した判決は懲役八年であった。彼は上告したところ、大審院は漏洩目的の探知と漏洩とは牽連犯にあたるとして、原判決を破棄して懲役六年に減刑した。

懲役十三年一名というのは、樺太ツングース族の子弟、A・N・ソロウィヨフのことで、北越してソ連領に入り、再び命を帯びて南下した、とみられた事件で、かなり特殊な事件であった（これらの事件については、前掲『戦争と国家秘密法』参照）。

このように見てくると、宮沢たちの重刑はいっそう際立っているのである。

これで秋間浩の質問は、根拠のある、正当きわまるものであることがはっきりした。しかし同時に、この問いかけに答えるために不可欠の資料とみられた一審判決と記録が存在しないことがわかった。ここで、私はなお調査を続行すべきか。それとも資料がないという〝正当〟な理由によって調査を打ち切るべきか、迷った。

私は二月十四日の調査メモに、次のように書いた。

「二月十三日、宮城刑務所に電話して、さきに申請した宮沢弘幸の判決の閲覧、謄写の申請についての返事を求めた。暫く待たせたあとで、担当者が出てきて『昨日返事を出したが、宮沢弘幸の判決謄本はすでにない。保存期間十年で廃棄されている』という。これで一審判決は、この世に存在しないことがほぼ確定した。午後から京都に発って国家秘密法の講演会、一泊して帰る。その間考え続けたが、結局特段のことがない限り、調査を続行することに決めた。ひとつには、大審院判決がみつかり、そこに要旨が記載されている上告趣意は、法令違反、事実誤認、量刑不当を縦横に論じているので、ある程度一審判決を推定することができる。国家秘密法反対運動にいま欠けているものは、戦時中の国家秘密法によって検挙、投獄、拷問、処罰され、挙げ句の果てに殺された人々の声が伝えられていない、国家秘密法の犠牲者はその犠牲を語ろうとしないことである。宮沢事件は、耐え難い苦難の末に声を挙げた、貴重な例外なのだ。

そのためには、宮沢弘幸の事件を調べて世に送りだすことだ。しかし、資料は明らかに不足している。それにそのことをなしとげるのに、私たちが適当なのか。私たちにその力量はあるのか。半年かけて多くの人々に迷惑をかけた挙げ句に、結局不可能か不適当であることが判る、ということになるかも知れない。迷いはなお払拭しきれないが、今はもう一歩を踏み出す以外にない。それに時間の余裕は乏しい」

私は次第に宮沢事件の調査にひきこまれてゆくことになった。

Ⅱ　エルムの学園の日々

生い立ち

宮沢弘幸《みやさわひろゆき》は、一九一九（大正八）年八月八日、東京府豊多摩郡代々幡《よよはた》町一七五番地で生まれた。現在の東京都渋谷区代々木の辺りである。生まれたのが、大正八年八月八日で、死んだのが昭和二十二年二月二十二日という具合に数字が揃うのはなにかの因縁であろうか。

弘幸には、一九一七（大正六）年十一月二十一日に生まれた兄、俊光がいた。しかし兄俊光は翌年八月二十日、満一歳に満たずに夭逝したので、父雄也《ゆうや》と母とくは弘幸の誕生をことのほか喜んだ。

父雄也は、一八九〇（明治二十三）年一月二十五日、宮城県黒川郡大谷村（現、大郷《おおさと》町）に生まれ、早くに上京して実業家、日高歌太の家に寄宿しながら工学院（現、工学院大学）に学び、早稲田大学を卒業して横浜電線に入り、やがて藤倉電線に移った。藤倉電線は一八八五（明治十八）

宮沢家の人々。左から妹美江子、父雄也、本人弘幸、弟晃、母とく（1938年）

年創業にかかる電線メーカーの草分けで、陸海軍、逓信省に電線を納入して社業は大いに発展していた。その藤倉電線で社長松本留吉の知遇を得て、その援助でドイツに留学して電線製造技術を学んだ。伊達藩士の末裔であることを誇りとし、家には伊達家の家紋の入った甲冑弓矢などの武具を置いていた。

母とくは、生糸商で成功した横浜の素封家、松浦吉松の娘で、一八九五（明治二十八）年七月二十一日、横浜に生まれ、横浜女子商業を卒業した。父吉松は横浜商工会議所の役員もつとめ、私財を横浜高等商業学校（現、横浜国立大学）などの教育事業に寄付し続けた近江商人で、のちに宮沢家にも経済的援助を惜しまなかった。

宮沢家がかなり豊かな生活を送ることができたのは、父雄也が有能、実直な技術者として重用されたことによるが、藤倉電線社長松本留吉の厚い知遇を得たことと、松浦家からの援助があったことがその背景にあったものと思われる。

父と母は、一九一五（大正四）年二月十七日に結婚し（届出は翌年八月十日）、東京・代々幡村（町制施行はこの年十一月）に所帯を持った。弘幸の生まれたあと、一九二四（大正十三）年三月三十一日に弟、晃《ひろし》が、一九二七（昭和二）年一月二十七日に、妹、美江子《みえこ》が生まれた。一九二三（大正十二）年九月の関東大震災の時は、親切で面倒見のよいとくは、焼け出された藤倉電線の社員と家族を何組か引き取って、その世話に奔走した。

一九二九（昭和四）年頃、雄也は松浦家の援助を受けて、荏原《えばら》郡世田谷町代田九六三番地、小田急線下北沢駅の近くに洋風の邸宅を建てて移り住み、本籍もここに移したが、二年もたたないうちにこの家が火災で焼失し、代々幡町代々木山谷《さんや》二九四番地に転居、ついで代々木初台五〇七番地に移った。宮沢家はあちこち転居したが、大体は代々幡町に住んでいた。藤倉電線の工場が近くの千駄ヶ谷にあったためだろう。代々幡町は、都市としての東京の拡大に伴い、とくに関東大震災後に急速に人口が増加して都市化し、一九三二年（昭和七）年十月に隣接の渋谷町、千駄ヶ谷町とともに東京市渋谷区となった。弘幸の幼少の頃の代々幡町は、今では考えにくいことだが、東京の郊外であった。

弘幸ら兄弟妹三人は、いずれも代々木の山谷《さんや》小学校に学んだ。この学校は、明治神宮の裏手、小田急線参宮橋駅のそばにあった。三人とも幼少の頃から英語の個人教授をうけ、美江子はお稽古ごとで忙しかった。長唄、踊り、謡曲などの外に、柔道まで仕込まれた。父雄也は上の兄弟二人をつれて、よく旅行した。親子三人で四国に旅したこともあった。また休日には三人で自転車を連ねて多摩川に遊んだ。

軍事教練の服装で（1936 年、府立六中 5 年生）

弘幸は、一九三二（昭和七）年に東京府立第六中学校（現、都立新宿高校）に入学し、新宿まで通学し始めた。読書の好きな、そして快活な少年が成育していった。学友たちにも人気があり、二年生から五年生まで級長をつとめた。機械体操と水泳が好きで、柔道は初段、背丈はそれほど伸びなかったが、頑健な体の持ち主になっていった。五年間皆勤、五年生のときに校旗の旗手をつとめ、卒業時には東京府体育賞を受賞した。学科は、英語、国語、数学の成績がよかった。席次は五年間を通じて、約二百五十名のうち、五番から十七、八番をしめていた。大学は工学部に進むが、父が許してくれるなら、そのあと法学部に入って法律を勉強し、外務大臣になる、などという夢の多い、そして模範的な中学生であった。新宿御苑の一部を校地とし、ながく校長をつとめた阿部宗孝の皇室崇拝思想、「朝陽」精神で鍛えられた府立六中の判定によると、宮沢はその「思想、堅固」（学籍簿）であった。

中学時代のアルバムが一冊のこされている。のちに検挙された直後、特高警察が代々木初台五

○七番地の家に踏み込み、家宅捜索をしたが、そのときこのアルバムから手当たり次第に写真をはがして持ち去り、約三分の二の写真がはぎとられた。しかし、写真には添え書きがあるので、どういう写真をはぎとったかは、見当がつく。横浜での海軍の観艦式の写真がすべてはぎとられている。この海軍の行事は国民に軍艦を見せるためのものだから、それらが軍機であろうはずがない。一九三四（昭和九）年六月五日におこなわれた東郷平八郎元帥の国葬の写真がすべてはぎとられている。旅先のスナップがはぎとられている。軍事教練でゲートルを巻き、腰に指揮刀をさげた弘幸の中隊長姿の写真が残されている（右ページ写真参照）。どんな基準と関心で没収写真を選択したのか、まったくわからぬほどにでたらめな抜き取り方である。というわけで、このアルバムは特高警察の爪痕をそのままに残している。

しかしこのアルバムから確認できることは、アルバムの持ち主が実によく旅行していたことだ。その旅先を列挙してみると、多摩御陵、江ノ島、日本平、美保の松原、横浜、天の橋立、日光、仙台、松島、那須、犬吠岬、越後湯沢、鹿島神宮、房総塩見、奥多摩、信州松本、精進湖、関西地方（詳細不明）、習志野、伊豆大島、その他確認できないところ数ヵ所といった具合である。この行動範囲は、当時の中学生としては、驚くべきことだ。

一九三七（昭和十二）年三月、弘幸は府立六中を卒業した。第一高等学校理科甲類を受験したが、合格しなかった。弘幸は迷うことなく、東京で北大予科工類の試験を受けて合格した。まだ見ぬ北海道の雪と山に惹かれたのである。一九三九（昭和十四）年までは、北大予科は他の国立の高校とは別の日に入学試験を行なっていた。この年四月、弘幸は北海道、札幌のエルムの学園へ向かった。弘幸の青春は、北海道の天地に花開こうとしていた。

エルムの学園へ

一九三七（昭和十二）年四月、札幌郊外定山渓温泉の豊平川のほとりに立つ母とくと弘幸の写真がある。弘幸は白線の帽子を被り、マントを着ている。弘幸の初めての札幌行きに、母とくが同行したのであろう。下宿は、札幌市北四条東二丁目の歯科医、小沢保之助方に決めた。

北大予科の校舎は、宮沢弘幸が入学した年の三月に、弘幸らの入学を歓迎するかのように、新しく鉄筋コンクリートの本建築（現在の北海道大学本部）が完成した。玄関の前には、新渡戸稲造《にとべいなぞう》夫人メアリーの寄贈による大きなエルムが茂っていた。

その前年の秋、石狩平野を中心にして陸軍特別大演習が行われ、天皇はこの大演習を統監するために、十月一日農学部本館に設けられた大本営と行在所《あんざいしょ》（仮御所《ごしょ》）に入った。八日には各学部や研究室を巡覧した。このために学内の警戒は厳重をきわめ、一部の学生には官憲の尾行がついた。予科生の長髪は見苦しい、というので断髪令が出された。

宮沢弘幸が入学したのは、この大演習騒ぎのおさまった後だったが、入学の年の七月七日には、中国大陸の盧溝橋で日中両軍が武力衝突を起こし、日中両国は全面戦争へと進んでいくことになる。国内では軍国化が強まる一方だった。文部省は、七月二十一日教学局を新設し、思想取締りの強化をはかった。十一月に、学部学生に対する軍事教練の実地訓練が必須となった。

この年、十二月、北大では高岡熊雄総長が退任し、あらたに医学部教授、今《こん》裕が総長に就任した。今総長は、一九四五（昭和二〇）年十一月まで在任することになる。

一九三八（昭和十三）年五月、学生、生徒十名が左翼的文化運動を理由として、治安維持法違反で検挙されたが、うち四名は予科生であった。大学は無期停学一名、有期停学七名、譴責二名の処分を行った。

定山渓温泉で母とくと宮沢（1937年）

こういう雰囲気のなかでも、初めて家を離れて自由を満喫した宮沢にとって、新しい北大の生活は、北海道の自然とともに、魅力に満ちたものだった。入学の翌年には、文武会（札幌農学校以来の学生、生徒、教職員を含む全学的な学友会）の理事となり、文化部講演班に加わり、部長柳荘一医学部外科医長の指導のもとに、福山、江差方面を講演して回った。実際に講演したのは学部の学生が多かったが、予科生ではひとり宮沢が演壇に立った。若林司郎らとともに、古典研究会、哲学研究会をおこしてひろい勉強にはげんだ。二月十二日には政治学者、蠟山政道を囲む会を開き、六月十八日には、豊平館（明治十四年、北海道開拓使が明治天皇の行在所として建築、その後、集会所として使用）で作家横光利一、川端康成、式場隆三郎を囲む文芸座談会に参加している（次頁の写真参照）。

北大予科英語教師レーン夫妻

北大構内の北十一条西五丁目に、四軒並ぶ外人官舎の西から二軒目に、北大予科の英語教師であったアメリカ人、クェーカー教徒のハロルド・レーンとポーリン・レーン夫妻が、娘たちとともに住んでいた。夜は毎週金曜日に官舎を学生たちに開放し、茶菓を出し、英語で雑談を楽しんだ。話題は旅行、登山、スキー、スポーツ、学内の話題など、尽きることはなかった。学生たちもこの集いを楽しみにしていて、宮沢はその常連となった。のちにみる、ヨーロッパ文化の香の高いヘルマン・ヘッカー家の集いとは異なって、ここには新天地アメリカに自由と耕地を求めたイギリス農民の家庭の雰囲気が伝えられていた。宮沢は次第にハロルド・レーンを尊敬するようになったことを自覚する。

横光利一（前列中央足を組む）、川端康成（その左）、式場隆三郎（その左）を迎えた文芸座談会記念。前列右端が宮沢（1938年、豊平館で）

宮沢は後に「満州」（現在、中国東北部）旅行をしてその旅行記を『北大新聞』に書いているが、そのなかで日本人論を展開し、「我々の弱点」は、「高遠な思想感情を日常卑近な事柄に確固と結びつけるのに得意でないことだ」「いはゆる穏健な常識に遵《したが》って形づくられた生活の規律をはづれ易いのである」と述べている。ここには宮沢弘幸がハロルド・レーンから受けた人格的影響がみられるような気がする。クェーカーとしての生活の規律と、その裏にある「高遠な思想感情」を、「確固として結びつけ」ているハロルド・レーンのなかに、宮沢は今までふれたことのない人間像を見た。温和、円満な性格と、信仰と愛情に満ちた生活のなかに貫かれる太い、強固な人間性を見たのである。

後にみるイタリア人、当時北大助手、フォスコ・マライーニは、宮沢との共通の友人、故武田弘道大阪市大教授の追悼集『会議は踊る　ただひとたびの』（一九八五年）のなかに、「PASSEROTTO――半世紀前の札幌の思い出――」（林なおみ訳）という一文を寄せている。そこでマラ

レーン夫妻（1939年、北大外人官舎で）

イーニはレーン夫妻のことを次のように書いている。

「ハロルド・レーンとポーリン・レーン夫妻は、並はずれた善意の持ち主であった。真心からあふれ出る親切に充ちたこの二人は、友人や学生たち、また私たちのようなまったくの他人にさえ、何か突然に急の用件が起こったときに援助するのにいつでも忙しかった」「夫人のポーリンは、明るいブロンドの髪が黄灰色に変わりかけている大柄な婦人であった。若い頃は、ちょうどルーベンス風の美人であったに相違ない。今五十代の彼女は、ミルクと牛肉をたっぷりとって、裕福なオランダ市民の夫人然に見えた。主人のハロルドは、背が高くほっそりし、そして、どこか悲しげなところがあった。しかし彼はいつも、たとえ深刻に悩んでいるとはっきり感じられるときでさえ、微笑を絶やさなかった」「レーン家を訪問する人々は、『文化』を求めてというよりは、夫妻の素晴らしく温かい歓待と、あらゆる年齢、性別、階級、国籍、宗教、職業の人々に対する思いやりのある態度、そして総じて人間性に対する二人の深い理解に惹かれて訪れたのであった」

後にみるハロルド・レーンについての上告趣意のなかで、弁護人は「学生宮沢弘幸などは、毎日被告人宅へ来てミルクを飲んでいた程の親密な間柄でありますす」とのべている。毎日ではなかったろうが、宮沢はレーン家に頻繁に出入りして、その家族とも親しく交際していた。レーン家の玄関先でハロルド・レーンと宮沢の二人を写した写真があり、その添え書きとして、「親子かい？　と云ふた人もゐます」と書いている。これは宮沢のハロルド・レーンに対する親密さを表している。もっとも宮沢は髪が幾分縮れていて、容貌にはどこか日本人離れしたところがあり、そのあだ名はムッソリーニで、「ムッシィ・ミヤサワ」などと呼ばれていたこととも関係があるかもしれない。

一九四〇年（昭和十五）年七月十四日には、札幌郊外の宇都宮牧場にレーン一家と自転車によるハイキングをしている。娘たちも宮沢に親しんでいた。この牧場の当主、宇都宮仙太郎は北海道酪農の草分けで、その年三月に亡くなっていたが、札幌組合教会（のちの札幌北光教会）の熱心な会員で、ポーリンの父、ローランドとも親しい仲だった。

札幌組合教会は、一九二〇（大正九）年に、一台のリード・オルガンの寄贈を受けた。贈ったのは、システア夫人、のちのポーリン・ローランド・システア・レーンであった。このオルガンには、停電のときは手動で送風できるハンドルがついていて、「戦後停電の多かったころには、文字どおり、礼拝を支えた陰の力であった」。このオルガンのふたには、英文でつぎの文字がある。「一九一八年、フランスで軍務に服して戦死したアメリカ合衆国野砲兵隊、ウィリアム・モリス・システア大尉を記念して寄贈された」（札幌北光教会編『七十年の歩み』）。つまり、ポーリン・レーンの最初の夫は、第一次大戦に従軍して、フランス戦線で戦死した。それを記念してポーリンは、父ジョージ・ミラー・ローランドの奉仕する教会にこのオルガンを贈ったのである。

ポーリンは一八九二年十二月七日、京都に生まれ、同志社に学び、後に帰国して、父ローランドの学んだバーモント州のミドルベリー・カレッジを卒業し、やがてウィリアム・モリス・システアと結婚して、娘ウィルミンが生まれたが、夫は戦死した。傷心のポーリンは娘を連れて、両親の伝道を手伝うために札幌に帰ってきた。

ハロルド・レーンは、一八九二年十月七日、アメリカのアイオワ州タマに生まれ、オスカルーサにあるウィリアム・ペン・カレッジを卒業して、のちの北大教授、作家の有島武郎の学んだペンシルバニア州のハバーフォード・カレッジにさらに学び、ここでマスターの学位を得た。この二つのカレッジはともにクェーカー教団によって建学され、クェーカーリズムを教学の本旨とするカレッジで、ここでレーンもまたひとりのクェーカーとしての信条を育てた。ハバーフォード・カレッジの一九一四年の年報によると、ハロルドは、グリー・クラブとフットボール・チームで活躍し、卒業論文は「チャールズ・ディケンズと社会悪の改革」であった。そこには、青年時代のハロルドの穏やかな風貌が写されている。

アメリカは一九一七年四月、第一次大戦に参戦し、この年、選抜徴兵法が施行された。ハロルドはその宗教的信条に従って、良心的兵役拒否を貫き、迫害にたえた。やがて平和が到来し、ハロルドは日本政府の募集に応じて、この極東の国で英語の教師となる道を選び、札幌にやってきた。一九二一（大正十）年のことであった。そして、ポーリンのいる北一条西六丁目のローランド家に部屋を借りた。

その後の経過をレーン夫妻の四女、バージニアの夫、プリンストン大学教授、アール・マイナーは『ア・リットル・ミラー・オブ・ジャパン』（吉田健一訳『日本を映す小さな鏡』一九六二〈昭和三十七〉年刊）の序文のなかで、次のように記述する。

「妻の父と母は暫くのあいだ、何かと熱情的な交際を続けてから、この感じ易い赤い髪をした若い未亡人が、言葉遣いは丁寧でも自分できめたことは実行する若い学者と結婚して、二人は日本で教師生活に入った」。一九二二（大正十一）年のことだった。

アール・マイナーは、その青年時代に占領軍日本語要員として一九四六（昭和二十一）年初めに来日し、一九四七（昭和二十二）年十一月まで日本の四国、九州、名古屋などで過ごし、アメリカに帰ってミネソタ大学に復学し、比較文学、日本文学を研究した人で、前掲書はその献辞に「ハロルド・M・レーン、ポーリン・R・S・レーンおよびその友達である多勢の日本人にこの本を捧げる」と書いていた。宮沢弘幸は「その友達である多勢の日本人」の一人であったろう。

ポーリン・レーンの父、ジョージ・ミラー・ローランドがアメリカから来日したのは、一八八

ポーリン・レーン（後列中央）の両親（中央眼鏡とその右）。ハロルドが後列左端（『札幌北光教会・七十年の歩み』から）

六（明治十九）年十一月のことだった。一八五九年、ニューヨーク州モーリスタウンで牧場主の家に生まれたローランドは、神学校を出ると、妻ヘレン・グッドリッジをつれ、宣教師として来日したのである。ローランドの属する組合教会派は、イギリス国教制度に反対してオランダに逃れ、さらに新大陸に渡った教派であった。岡山に四年、鳥取に五年いて伝道に務めたあと、一年帰国して再度来日し、札幌に赴任する。一八九六（明治二十九）年のことであった。この間、一八八七年に神戸で長男ポール・ローランドが、一八九二年京都で長女ポーリンが、生まれている。

札幌で生活をはじめたローランドは小舟で川を下り、馬で山を越えて、天塩《てしお》や日高《ひだか》の開拓村まで伝道にでかけた。日本語を熱心に学び、日本の習慣を尊重した。前出のマイナーは、「この祖父母は二人とも珍しい人で、祖父の方は日本に来た時は日本語を全く知らなかったのに、一生懸命勉強して、しまいには礼拝や、組合派では重要な意味を持つ討議のいっさいを日本語でやるまでになった」と書いている。賛美歌の普及に努め、自らタクトを振ってハレルヤの大合唱を指揮し、組合教会、のちの北光教会の発展に尽くした。ヘレン夫人も、婦人会、日曜学校、王女会などの指導にあたった。札幌では最も市民に親しまれた外国人夫妻だった。

レーン夫人とその娘たちと宮沢（1940年、北大外人官舎で）

　ローランドは一九二五（大正十四）年、アメリカ伝道社日本代表として東京に移り、一九二九（昭和四）年に引退して、ボストン西郊のオーバンデールで余生を送り、一九四一（昭和十六）年三月十三日、八十三歳の生涯を終えた。

　第一次大戦で兵役拒否をした男性と、同じ戦争で夫を失った女性とは札幌で結ばれて、新しい生活を始めた。一九二四（大正十三）年二月十六日、二人の間には、ゴードン・ローランド・レーンと名付けられた男の子が生まれたが、一月もたたぬ同年三月十三日に亡くなった。二人はこの夭逝した坊やの骨を札幌西郊の円山墓地（いま札幌市中央区南四条西二十七丁目）に葬って、墓碑を建てた。そのとき二人は自分たちの入るべき墓をその隣に用意した。二人は、二人の間に初めて生まれて早くに亡くなったゴードン坊やとともに、この時から、早くも札幌の土に帰ることを心に決めていた。二人は後にこの決意を実行することになる。

続いて、マジョリー、ジャネット、バージニア、ドロテア、キャサリンの五人の娘が生まれた。前夫との子、ウィルミンも入れて、レーン夫妻は六人の娘の親となった。二人の間に生まれた娘たちは、札幌師範学校付属小学校から北星女学校に学んだ。

ポーリンも一九三七（昭和十二）年から北大予科の英語教師を勤めた。のちにハロルドは札幌地裁の法廷で、「被告人は日本国及び北海道帝国大学に対し、如何なる感情を持っていたか」と問われて、「親愛な感情を抱いておりました。私は北大には二十年間も置いて貰ひましたから、当然北大を愛しておりましたし、その間札幌に住居したのですから、札幌をもまた愛しているのであります」と答えた（稲村弁護人の上告趣意より）。

宮沢の語学環境

子供の頃から英語を習ってきた宮沢は、その後の学校教育による習得を含めて、北大に来てから英語には不自由しなかった。ドイツ語は北大予科の第二外国語で、ヘルマン・ヘッカー（一九三〇年から六五年まで北大勤務。六七年北海道で没）その他から学んだ。宮沢の友人、松本照男は、前掲の武田弘道の追悼文集『会議は踊る　ただひとたびの』に寄せた一文「思い出の日々」のなかで、次のように書いている。

「当時予科ドイツ語講師のヘルマン・ヘッカー先生は大変に学生に人気があった。先生は学生をこよなく愛された。金曜日が先生のお宅への訪問日で、その日になるとやってくる学生達のために駅前の西村洋菓子店の大きな包みを抱えて家路を急がれる先生の姿をよくみかけたものである。ドイツ語やフランス語の歌を五線譜付きで、丹念に手書きしたノートを我々に下さったりした。また大のヒューマニストで、ヒトラーが大嫌いでよく悪口を言われた」

マライーニもまたこのなかで、ヘッカーへの敬愛の念を書き綴ったあとで、次のように書いている。

「私は憶えているが、彼が私たちとのまさに最初の出会いのときに、私たちがファッシストもしくはファッシズムの賛同者でないかを確かめるために、どんなに――それとは示さないようにしながらも――私たちをチェックしたことか。そしてまた彼は、自分がナチ政権にはっきり反対であることをどんなにあからさまに私たちに語ったことか。その時代にはこういったことが根本的なことで、とりわけドイツ人とイタリア人とが関わり合いをもつときにはそうであった」

宮沢は、この南ドイツ出身で、ドイツ語とともにフランス語をも母国語とするドイツの文化人、ヘッカーの家を訪問する学生の一人だった。ヘッカー宅には、来訪する学生や卒業生たちの署名する訪客ノートが備えられていた。ヘッカー家の一員となった滝沢義郎北大名誉教授のもとには、一九三〇年十一月に始まり、一九六五年十二月に終わる革表紙の一冊のノートが残された。それによると、一九三八（昭和十三）年十二月からの一年間に、宮沢は二十二回にわたってヘッカー家の客となっていた。そして「ムッシィ・ミヤサワ」などという署名を残している。

最後の訪問は一九四一（昭和十六）年十一月二日で、このとき母とくも署名しており、それにドイツ語で次の記入がある。「宮沢弘幸とその母は、今宵ヘッカー家のこよなき集いと友情に感謝します」。そしてさらにヘッカーの筆跡で「拘禁中の不当な処遇のために、一九四六年逝去」と注記されている。「一九四六年」は一九四七年の誤りであったが、ヘッカーは来訪者の署名のそばに心のこもった短い注記を残した。

フランス語は、フランス語に練達していた工学部学生、大條正義《おおえだ》と一緒に下宿している間に、大條の手引きで勉強し、のちに、小樽高商教授太黒《おおぐろ》マチルド夫人（注・太黒医師の夫人、戦後、北大教養部フランス語専任講師）、ヘッカーから教えてもらった。大條は、宮沢より二年先輩であったが、一九三八（昭和十三）年から一年間休学して、東京のアテネ・フランセでフランス語を勉強して北大にもどった。大條は一九三九（昭和十四）年六月から翌年九月まで、円山の電車の終点の南側、小川孝彦方で宮沢と下宿生活をともにした。大條の発起で、一九四〇（昭和十五）年六月四日から十月三十一日まで、北一条西六丁目の日本植民学校で開講されたフランス語講習会（主催あてね・さっぽろ、後援北海タイムス社）では講師を勤めている。「あてね・さっぽろ・フランス語講習会趣意書」と題する案内のチラシには、講師として大條正義、松本照男、宮沢弘幸の三

「あてね・さっぽろ」の仲間たちと。前列左から2番目が宮沢（1940年）

「ソシエテ・デュ・クール」発会記念。前列右端が宮沢。その左脇がレーン夫妻。中央眼鏡が太黒マチルド夫人。学生松本照男を抱いているのがヘッカー。後列中央がマライーニ（1939年）

人の北大生の名前が書かれている。顧問には太黒マチルド夫人の名がみえる。この頃すでに、宮沢は初歩のフランス語を教える程度の力をつけていた。太黒マチルド夫人について、マライーニは書いている。「ほっそりした背の高いエレガントなフランス婦人で、成功した日本人医師の妻であったが、彼女自身は北大や市中の多くの学校でフランス語を教えていた」（前掲書）

イタリア語はマライーニ夫妻から教えて貰った。マライーニは七カ国語に通じていたが日本語には不自由で、とくにトパーチア夫人はそうだったが、やがて宮沢は夫妻とイタリア語で当座の会話をすることができるようになっていた。

ロシア語と中国語については、一九四〇（昭和十五）年夏に「満州」旅行をしたときに、奉天から八月二十六日の消印で札幌の松本照男宛に出したハガキのなかで、「今度の旅行で強引に練習したため、結構支那語とロシア語の会話が通じるようになった。一昨日は大きな顔をして（いつもの通り）奉天放送局から全満に放送した」と書いている。放送は日本語でやったのであろうが、宮沢が語学の才能に恵まれており、またその習得に熱心に努力していたことも間違いない。そのことが、後に災厄を呼ぶ理由の一つとなる。

予科三年、一九三九（昭和十四）年六月八日、太黒マチルド夫人宅で「ソシエテ・デュ・クール（「心の会」）」の発会が行われた。これは欧米事情と語学の研究グループだったが、その時の写真によると、太黒マチルド夫人（フランス語）、レーン夫妻（英語）、ヘルマン・ヘッカー（ドイツ語、フランス語）、マライーニ夫妻（イタリア語）、ヴォルフガング・クロル（ドイツ語）が出席しており、これに宮沢を含む学生九人が参加している。この会をレーンはＦＩＤＮＡＣと呼んでいた。フランス、イタリア、ドイツ、日本、アメリカ、中国の頭文字をつないだ呼称であった。中国人留学生がもう一人いたが、その名は確認できない。Ｗ・クロルはユダヤ系ドイツ人の量子力学者で、北大の理学部に勤務していた。ナチスの迫害から逃れた難民であった。しかし当時のこととして、語学を学ぶのにこんな豪華な顔触れはなかったろう。宮沢弘幸は、当時北大に勤務するほとんどすべての欧米人を師とし、友として、勉強するのに最良の環境にあった。彼は旺盛に広く欧米の知識を吸収していった。

この「心の会」の模様について、マライーニの記述を前掲文から引用しておこう。

「週に一度位集まったが、あるときはヘッカー家で、あるときはマチルドのところで、あるいはレーン家の歓待を受けて、また私たちの家で行われた」「毎回の集まりごとに、メンバーの一人が、他の者よりよく知っているか、または彼のとくに好みの主題について、外国語を使って講義のようなことを行った。質問と答弁が続いた。そしてそれは時には本当の議論に展開した。政治、戦争、軍国主義、平和などの『ホットな問題』には触れられなかった。私たちはみんな、警察が目（あるいは耳）を光らせていることを知っていたし、それに注意深いことに越したことはなかったからである」「私が幾人かのまさに最上の日本人の友を得たのは、この『心の会』を通じてであった。そのいくつかのケースは、相互に共感と尊敬とが結びついたものであって、そのとき形成された友情は生涯続いたのであった」「多くの日本人学生たちは、彼らの中心に置かれている小島さながらの外国人の魅力を生き生きと感じた。外国人の家庭を訪問することは、世界に向かう窓を開くようなものであった。そこでは誰もが手軽に、真の自由とコスモポリタン精神を味わうことができた。ことに軍隊の重々しい手や軍国主義的な指導者らのもとに、日毎により狭い国家主義のうちへ閉鎖的になりつつあった世情のなかでは、そのような経験はとくに意味深く、また満足を与えるものであったにちがいない。警察もまたいろいろな形をとってますます不愉快な存在になってきていた」

マライーニはこう書いて、武田弘道を初めに数名の名をあげているが、宮沢については次の通りである。

「中国古典を信奉する（ここでは稀なことであった）学生の宮沢弘幸らの親しげな顔が目に浮ぶ。気の毒なことに、弘幸は戦争直後、憲兵に受けたむごい仕打ちのために亡くなってしまったのだ」

私は、太平洋戦争を目前に控えた札幌で、アメリカ人、ドイツ人、フランス人、イタリア人、中国人、日本人北大生の間に、この尊敬と信頼に結ばれた師友のきずなが存在したことを、このうえもなく大事なことだ、と考える。日本と中国は、すでにながく戦争をしていた。第二次世界大戦の幕は切って落とされていた。やがてドイツとイタリアは、イギリス、フランスと戦争をはじめた。その時期に札幌、北大を中心に、短い期間ではあったが、欧米人と中国人、日本人学生の、小さな平和の世界が存在したのである。しかし、特高と憲兵はそのことを許さなかった。大條と宮沢の共同下宿は、八畳間の二間続きであった。ここで「心の会」を開いた時に、特高が訪ねてきた。大條が応対して、外国人が集まっているが怪しい会ではない、と説明して引きとってもらった。

フォスコ・マライーニとの交友

ここで宮沢と親交を結んだ、アイヌ研究の人類学者、イタリア人のフォスコ・マライーニのことについて、ふれておこう。

一九三八（昭和十三）年十二月十五日午後七時四十分、二十六歳の気鋭の学者フォスコ・マライーニ博士は妻、トパーチア・マライーニ・アリアータと二歳の娘、ダーチアを連れて、札幌駅に降り立った。

『北海タイムス』は、「憧れのエルムの学園で『アイヌ民族』研究　マライニ氏夫人帯同で来札」という見出しで、「エルム学園に学ぶべく防共の友邦イタリーからはるばる若い民族学者が来札した。イタリー・フィレンツェ生れの医学博士、フォスコ・マライニ氏は、数年前から日本訪問の計画をたて、日本に行ったならば世界の民族学界で謎といはれているアイヌ民族について研究するべく、その日を楽みにしてゐたが、その念願が叶って去月日本に来邦した」「マライニ氏は快活な青年学徒で豪雪の札幌がすっかり気に入り、『素晴らしい雪だ、僕はスキーを持ってきたので早速山へ行きますよ』と愉快さうに語った」「研究の方は医学部児玉作左衛門博士のもとで」行う予定と書いていた（十二月十六日付）。

この記事に「防共の友邦イタリー」とあるのは、前年の十一月六日、イタリアが日独防共協定に参加し、枢軸側三国同盟ができた事情を指している。マライーニは一九一二年十一月十五日生まれで、宮沢弘幸よりは七歳年長だった。フィレンツェ大学で人類学を学んで一九三七年に卒業し、国際学友会の奨学金で来日し、やがて北大医学部解剖学教室の助手となり、一九四一（昭和十六）年四月まで札幌に住んだ。一九四〇（昭和十五）年一月現在、北大構内の外人教師官舎には、西から東へ、ドイツ語教師、ビリー・クレムプ、レーン夫妻、ヘルマン・ヘッカー、それにマライーニ一家が軒を並べていた（現在の、大型計算機センターの前あたり）。マライーニはすでに一九三七年にヒマラヤ登山、チベット探検を経験した登山家であり、またイタリア国軍の山岳兵中尉でもあった。スキーは抜群に上手であった。

ところで、アイヌの人類学的研究は、「アイヌは人類学上どのような種族に属するか」を研究するもので、イギリス人、ジョージ・バスクが一八六七年に研究発表を行ってから、ヨーロッパの人類学者の関心を惹き、研究がすすめられていた。マライーニはこの流れのなかで、アイヌ研究に入っていったのであろう。日本でも明治以来研究が進められてきたが、北大医学部解剖学教室が一九二二（大正十二）年に発足してからは、ここが研究の中心となり、とくに一九三三（昭和八）年に日本学術振興会に「アイヌの医学的研究」を行う委員会が設けられてから活発になり、児玉作左衛門教授が精力的に研究発表をするようになった。マライーニは、この時期にアイヌの人類学的研究の中心に参加してきた（「北大医学部解剖学教室におけるアイヌの形質人類学的研究」伊藤昌一、『北大百年史・通説』）。

一九三九（昭和十四）年のはじめに、ヘッカーは外国語が達者で、スキーと登山の好きな宮沢弘幸、松本照男、武田弘道らに声をかけ、日本語の不自由なマライーニの友人になってくれ、と頼んだ。三人は承諾した。おそらくマライーニがヘッカーにそのことを依頼したのであろう。

このようにして宮沢らはマライーニと知り合い、その後とくに宮沢がマライーニと深い友情を結ぶに至った。

宮沢弘幸の北大時代のアルバム三冊が、検挙、捜索の時にたまたま友人の学生宅に預けられていて押収を免れ、後日弘幸のいない宮沢家に届けられた。これらにはマライーニ家とともに過ごした日々が記録されている。宮沢はそこに書いている。

「伊太利《イタリ》の青年博士の容貌に屢々《しばしば》何ら国境《サカイ》を感ぜず」「三時間を雪の吹きしく夜　伊太利亜《イタリア》の若き婦人に日本を説きしが」「簡潔《ブレヴィタ》はもの足らずといふ伊夫人の豊饒《リケッツア》に我の論圧されむか」、幼い娘、ダーチアについて歌う。「澄みきりし青き瞳にふるさとの　久遠の都の空思はしむ」、「ムッシィと呼ばるゝ我もふるさとを　出て居れば何か異人めきたる」、「なつかしげに我が名を呼べるイタリヤの　乙女のすがた妹のごと」

一九三九（昭和十四）年、宮沢は書いている。

マライーニと共に造った雪小屋（イグルー）の前で（1940年、手稲山頂）

「はからずも伊太利人を親友にもちて　毎日曜日をスキーに暮せし月もありぬ」。だんだん親しくなって、やがてこのイタリア人の人類学者の力量を知ることとなる。

翌年一月五日、北大山岳部のペテガリ岳登山隊はコイカクシュサツナイ岳で雪崩のために遭難し、八名が死亡するという大事故が起こった。この日、マライーニは事故の発生を知らずに、無人となった登山隊のキャンプを訪ねてそこに泊まった。辛うじて難を避けた橋本誠二と内田武彦は、救援を求めて下山する途中、サツナイ川に沿って上流に向かうマライーニのシュプールを発見したが、右岸と左岸ですれ違い、連絡はとれなかった。やがて救難隊の到着で事故を知った彼は救難に加わった（橋本誠二北大名誉教授「ペテガリへの大ケルン」、『ケルンに生きる・遭難の手記1』）。

マライーニはこの経験から、もっと装備を軽くできないかと考えた。そこでマライーニと宮沢は、テントの代わりにエスキモー式雪小屋（イグルー）を作る実験にとりかかった。一九四〇（昭和十五）年二月四日、五日の『北海タイムス』は、「伊日交換学生フォスコ・マライーニ」と「北大予科生徒宮沢弘幸」の連名による「雪小屋（イグルー）実験手記」を上下二回にわたって掲載した。「冬の山岳征服にエスキモー式雪小屋の実験　マライーニ君手稲山頂で成功」という大きな見出しをつけている。

それらによると、イタリアの山岳誌『ロ・スカルポーネ』に掲載されたフランス人夫妻のアルプスでの実験報告と、バーク・スミスの『エスキモー論』の記載からヒントを得て、まず北大構内のマライーニの官舎の庭でエスキモー式雪小屋をつくってみた。約二時間でその実験に成功した。そこで一月二十七日、寝袋、シャベル、鋸《のこぎり》、食料一日分の軽装で札幌の西郊、手稲山頂に登り、雪小屋を作ってそこで一夜を過ごした。その結果、道具は鋸だけで十分で、三人で作業すれば四十分で作れる、内部はテント内よりもはるかに暖かい、風雪の影響はない、荷重は半減することができる、などのことがわかった。「結論として、頂上に着くに一日以上かかる長い困難なスキー旅行を試みんとする全北海道のスキーヤーにこの方法を切に推薦する」「我々の標語は、北海道に栄光あれ（グロリオーザ）」と結んでいる。二人連名の報告は作業順序を図解し、写真二枚を使って、分かり易い工夫をこらしていた。

二人はこの雪小屋の手法で本格的な大雪山系の登山に挑戦した。三月十四日、旭川についたマライーニと宮沢は、旭川スキー連盟と打ち合わせのうえ、十四日に上富良野《かみふらの》に向かい、吹上温泉を経て十勝岳に登り、山頂に雪小屋を作って泊まり、美瑛岳《びえいだけ》を経て、オプタテシケ山、トラムウシ山を縦走し、愛山渓温泉におりる、という壮挙をやってのけたのである。三月十二日付の『北海タイムス』は、「冬の大雪山処女峰オプタテシケ縦走計画　マライーニ君敢然挑戦」という見出しで二人の壮図を報じている。宮沢のアルバムにはこの時の雪山の写真が残されている。「雪小屋こもり」と題していくつかの歌が添え書きしてある。

「人の世は遥か下辺にかすみ消ゆ　雪小屋こもりの奥山の朝」「この寒さ未だ耐ふべし人の世のより厳しきを離れ生くるに」「樹も鳥も生けるもの我よりなき山に　雪小屋こもれば我が魂の冷ゆ」

マライーニの雪小屋実験と、雪小屋を用いた北海道の冬山登山の報告は、イタリアの山岳誌『ロ・スカルポーネ』の誌面を飾り、そのことが再び『北海タイムス』の一九四〇（昭和十五）年七月二十三日付で報道された。マライーニは登山に関する広い文献を駆使して、目前の困難を解決することを知っていた。宮沢は新しいことを学んだのである。

宮沢とマライーニは、一九四〇年九月三日から十一日にかけて、日本アルプスの穂高、槍岳に登山した。この登山は二人の間で前から話題になっていたが、直接にはマライーニの八月十九日付の手紙に発端する。この夏、宮沢は八月三日から三十一日まで第一回の「満州」旅行にでかけたのであるが、マライーニは宮沢がすでに帰国していると思って、東京の宮沢家宛に弘幸への手紙（英文）を送った。この手紙でマライーニは「いつ札幌にお帰りですか。日本アルプスに登りませんか。最近の予定があれば知らせてください」と書いている。宮沢はこの手紙を、おそらくは八月三十一日に帰宅してから読んだに違いない。そして急にマライーニとのアルプス行きが実現する。

一ヵ月近い外国旅行をして、帰国三日目には山に登る、という慌ただしさである。アルプス行きについてのマライーニとの約束を大事にしたということもあろうが、宮沢の疲れを知らぬ頑健な身体と、強い意思力が発揮されている。アルバムには、山への賛歌とともに、次の言葉が書き込まれている。

「フォスコの大胆にして見事な登攀術にはいつもながら感心する。脆くはあっても柔いことの決してない岩肌に、友のむすびつけたザイル一本を頼りに垂直な崖を登ってゆく。人間の強さと弱さを遺憾なく感ずるとともに、逞しい友の頼もしさに気も晴れ晴れとする」

マライーニは、すでに第一級のアルピニストだった。このとき、マライーニ一家は東京の代々木初台の家を訪ねている。父雄也は、宮沢一家とともにマライーニ一家を雅叙園に招いて会食している。両家は急速に親しくなった。やがて弘幸はマライーニにシャッポをぬいだ。東京から札幌に帰った宮沢弘幸は、大條正義との共同の下宿生活を閉じて、この年九月二十一日、北十一条、西三丁目にマライーニ家が外人官舎を出て移り住んだ家（現、北大留学生宿舎のあるところ）で「遂にマライーニ夫妻と同居するに到る」「新しい兄と姉は心から親切に私を日常生活に於て導き始めてくれたのである」（アルバムより）

宮沢は日本が第二次大戦に突入する暗い時代に、心を全開してひろく世界に知的興味を抱いていた。マライーニは書いている。

「誰がレーン夫妻以上によりよく、アメリカのかなり大きな部分を代表することができたであろう。誰がマチルド以上にパリ風であろうか。誰がヘルマン、ヘッカー以上に強烈なドイツ人、少なくとも一種のドイツ人の型であろうか」（前掲書）

そしてマライーニもまたイタリアの大きな部分を代表していたことを、つけ加えておかなくてはなるまい。

樺太旅行

宮沢は少年の頃から人一倍旅行に親しんでいたことは前にふれた（三一ページ参照）。北大に入ってからも北海道各地を巡り歩いた。しかし、宮沢の関心は、海外にある日本の植民地にまで広く及んでいた。北大在学四年半余りの間に四回の大旅行を試みている。

第一回は、一九三九（昭和十四）年夏の樺太（現、サハリン）への旅だった。まず彼は七月二十日から八月十日までの二十二日間、樺太・大泊《おおどまり》港の海軍工事に従事し、「尊い労働体験を得る」。当時北大生は、夏休みに樺太に出かけて軍関係や王子製紙の工事などで働くことがよくあったようで、このときも何人かの北大生と一緒に大泊での工事に従事したが、しかししばらくのちに一

マライーニと宮沢（1940年、外人官舎で）

般化する勤労動員とは異なってボランティアのようなものだった。

大泊（現、コルサコフ）は、樺太南岸唯一の開港で、内地との連絡と樺太内交通の要衝であり、樺太庁所管と三井鉱山の繋船岸壁があった。大泊で労働に従事していたときのこととして、次のように書いている。

「霧笛が冷い海霧（ガス）を震はせるのを聴き乍ら、孤影を踏んで鈴蘭や姫百合のつつましく匂ふ小径を歩くと、ふと海霧にも香がある気がする。無香の香とでも云ふか、気のつかぬ程に淡い、どんな花の香よりも淡い、然も懐しい、親しみのある香、鼻に感ずる香ではなくて心に泌み入る香だ」

工事事務所の前で写した写真が一枚残されている（次頁の写真参照）。事務所には「大泊工事隊」という看板がでているだけで、この年夏にどういう海軍の工事が施行されたのかはわからないが、それは油槽（石油タンク）の建設に関する工事であったと推定される。

この労働を終えたあと、宮沢は列車に乗り、オ

樺太（現、サハリン）の大泊の工事事務所で。前列右端が宮沢（1939年）

ホーツク海の海岸線にそって北上し、敷香《しすか》（現、ポロナイスク）へ行った。その途中、車中からみた印象を、宮沢は次のように書いている。

「北海道がもし北欧的だとすると、樺太はシベリヤ的の素質を備へている。より荒漠として、より粗放的な単一美、チェーホフにかゝれてゐるあの感じだ。大泊より敷香への退屈な車中、限りない原野となだらかな起伏、汽車の白い煙。輝くばかり明るい昼間、山火の跡は旅人の心にある恐怖を印象づける――荒れ果てた美しさ」

宮沢はさらに敷香から東に足を伸ばしてオタスの杜《もり》を訪ねている。ここは樺太庁敷香支庁がウイルタ（オロッコ）、ヤクート、ニブヒ（ギリヤーク）などの北方少数民族を集めてつくった集落である。宮沢はここでも少数民族の生活に強い関心を示している。

オタスの訪問は一枚の写真を残している。ウイルタ（オロッコ）の婦人と大きなトナカイを中心にして、左に宮沢が、右にオタスの土人、教育所の川村秀弥校長が立っている。宮沢はこの写真に次の添え書きを書いていた。

「おろっこ、余りにもいたいたしい人々だ、過去なく、現在なく、未来もない。意識なき処文化なく、文化なき処人間なし。神よ、願はくは芽生えしめよ意識を、この地球の北のいやはてにも」

これら宮沢の北方少数民族に寄せた思いには、今日の目からみると「滅びゆく民族」論が色濃く、少数民族の現状の背景にある日本の北方植民史への視角に欠けている。しかし、当時の北大生としては精一杯の人間的共感を示したものといえないか。

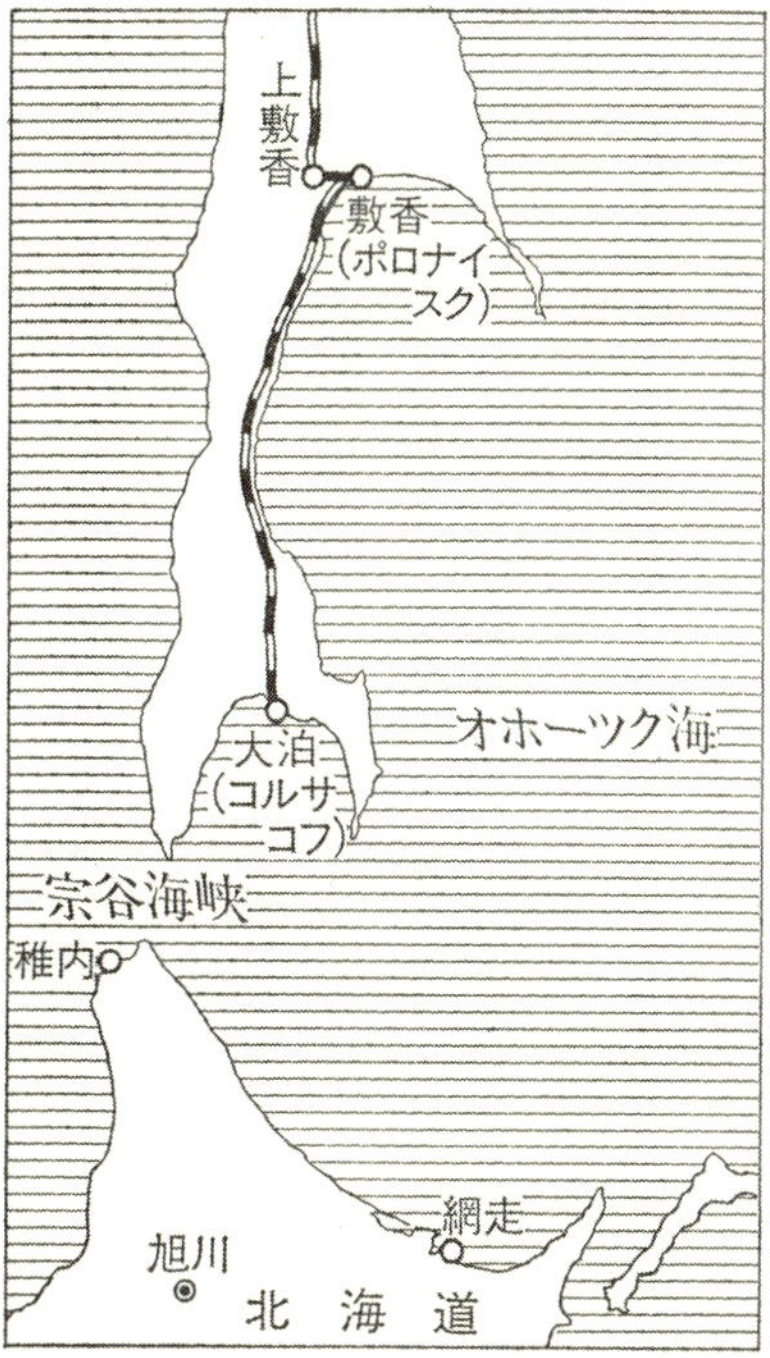

そのあと、宮沢は敷香の西北方約五〇キロの上敷香に行き、八月下旬に札幌に帰った。

宮沢がこうした調子で旅をしていた一九三九（昭和十四）年の植民地樺太では、日本陸軍が一九二五（大正十四）年に樺太撤兵以来、はじめて部隊の常駐をきめて実行した。それまでは武装した警察と憲兵、在郷軍人による後備中隊がいただけであった。その意味では日本の四十年にわたる樺太支配の歴史のなかで画期をなした年だった。一九〇五（明治三十八）年九月五日、ポーツマスで調印された日露間の講和条約八項には、樺太における「軍事上の工作物」の築造禁止条項が取り決められていたが、はやくに日ソ双方ともにこの条項をまもる意思を失っていた。一九三九年五月十一日、陸軍中央部は樺太混成旅団を新設し、直ちに国境近くへの移営の準備にかかり、この年十一月に上敷香に移営した（防衛庁防衛研修所戦史室著『北東方面陸軍作戦』（1））。もっとも日本海軍は対ソ作戦のために、少しはやくに上敷香に小さな飛行場を建設しようと、一九三七年頃に用地を買収して、雪上飛行が可能なほどに整地し、一九三八年頃にはほぼ完成していた。居住、通信、防空、燃料と爆弾の貯蔵庫などの施設を含めてである（前同『北東方面海軍作戦』）。

宮沢は、上敷香でこの海軍飛行場を見ているが、陸軍の新たな配置予定の事情などを知るわけがない。大泊で「尊い労働体験」をしたあと、樺太の荒涼をみて、チェーホフの描写などを思い出しながら旅を楽しんでいたのである。

陸軍の北方作戦計画は、明治初年の屯田兵制度以来、一貫して対露（ソ連）を目的としたもので、樺太への旅団配置もそのためのものだった。一九四〇（昭和十五）年帝国陸軍作戦計画は、対ソ作戦方針として「別に一部隊を以て成るべく速かに北樺太を占領し、又為し得れば勘察加（カムチャッカ）の要地を占領す。状況により樺太対岸方面に作戦することあり」と書いていた。

つまり「すみやかに北樺太を攻略し、特にオハ付近の油田地帯を確保する。ついで沿海州へ上陸する」というものであった。「この方面に対する対米作戦計画は、この時期陸軍には全くなかった」（前同『北東方面陸軍作戦』（1））

さきにも書いたが北大生が夏休みに樺太に労働しに行くということはよくあったことで、後に勤労動員の時代になってからも、一九四三（昭和十八）年八月には予科生が上敷香北方六〇キロの気屯《けとん》（国境まで四〇キロ）に、陸軍飛行場の工事に動員され、このとき二年農類、大西誠一は不寝番勤務の後に急死するという痛ましい犠牲をだした（『北大百年史・部局史』）。

なお、宮沢が樺太旅行をした一九三九年に、国境取締法が制定、施行されている。この法律は「国境付近における防諜及び住民保護、国境取締の強化」を目的にしたもので、その前年一月三日、新劇演出家杉本良吉、女優岡田嘉子の越境事件が起こったことと、国境での小紛争が頻発しはじめたことに対する対策であった。この法律で「北緯五十度の国境より二十キロメートルの範囲内」は「人の出入りを制限することを得」ることとなった。

この樺太旅行で見聞したことが軍機の「探知」とされ、それをレーン夫妻に語ったことが軍機の「漏泄」とされた。

電気工学科に進む

宮沢弘幸は、一九四〇（昭和十五）年四月、工学部電気工学科に進学した。弘幸の父、雄也は、藤倉電線の技術陣を担う一人であったが、同時に工学院で教鞭をとり、電気工学を教えていた。雄也は弘幸が父の道をついで、電気工学の技術者になることを期待していた。弘幸はこの父の期待に素直に応えて、この道に進んだ。

学部時代のアルバムの最初には、朝の陽を浴びて教室に向かう数人の学生の登校姿が写しだされている。その横に、「街頭の弁」という、いささかの自嘲とも自慢ともつかない戯文が書き連ねてある。いわく「さあさあ諸君　買って呉れ給へ　何でもまかって一山百文　拙者元来電気ブランディを専売したれど　拙者のブランディは醸造よからず　頭にひゞくとて売上成績もよろしからず　且つ　一品ではこけおとしが効かざれば　四方八方へ手を出して　何でも大安売　大安売　これは独逸《ドイツ》ヴェルムート　あれは蘇格《スコットランド》ウヰスキー　ポルト葡萄酒　伊太利《イタリア》リクオール　希臘《ギリシア》ラム　さては猶太《ユダヤ》のなつめ酒　埃及《エジプト》の密酒から支那老酒　ウオッカ　焼酎はいふに及ばず　全て世界の酒類は拙者の店にござる　詩歌コニャック　宗教シャムパン　天文ビールなど出来がよからぬかはりに代価は大勉強　大勉強　酒屋が菓子も売るとて識者は眉をひそむべけれど、何でも売るのが商売　かまふことなし　拙者の店で最も名代なるは　論文いそやき　講演せんべい　引

用もちなり　山嶽もなか　放浪あるへいは少し念の入ったものなれば　百文にはまかり申さず
その代りはこれこのアルバムかのこ　之は独活《うど》の大木に似て大きければ　風味悪しければ大いに
まかって一山百文　さあさあ諸君　買って呉れ給へ何でもまかって　一山百文」（傍点、上田。以下同じ）

電気工学を専攻することにしたが、しかし世界と人間のことはなんでも学ぶ、という不敵な宣言ではないだろうか。

のちにみる論文「大陸一貫鉄道論」はさしあたり、前記の戯文によれば、「論文いそやき」の一つである。この論文が載った満鉄発行の月刊誌『満鉄グラフ』の一九四一年八月号の一部が宮沢家に残されたが、その欄外に宮沢は次のように書いている。

北大工学部に進学した宮沢（1940 年）

「電気工学を専門にする私は真面目に工学に対するけれども、向ふ鉢巻ではない、多分の『なまけ気味』と道楽気分とを以て工学をひねくる、その結果がこんなものになりました」

「電気ブランディ」にさらにひねりをかける、というのである。

宮沢と予科、工学部電気工学科を通じて一緒だった小沢保知（北大名誉教授、現北海道自動車短大学長）は、親友宮沢を回顧してこう語る。

「宮沢は物事をグローバルに考える、スケールの大きいことを考える人だった。満鉄に強い関心を持ち、論文募集に応じて入選した。欧亜一貫鉄道論で、北にシベリア鉄道があるならば、南にも欧亜一貫鉄道を敷設すべきで、バグダッド経由でアジア、中近東、ヨーロッパを結ぶ鉄道を、という壮大な構想で、その動力は電気を使うべし、という議論であったと思う。旅行、登山が好きで、樺太、満州、千島に行ったのも、フロンティアに行きたいというか、そういう関心が強かった。地の果てにも赴かん、という無限の好奇心の持ち主だったと思う。北海道には明治時代にここを拓いた人々の良い面が残っていて、宮沢はそういうものに共感していたのではないか。キリスト者ではなかったが、内村鑑三、新渡戸稲造以来のキリスト教にもシンパシーを持っていたと思う。よい意味で西欧的で、だからレーン、ヘッカー、マライーニらとの交際もうなずける。北海道には、北極星のようなキラッと光るものの琴線に触れることを求める気風がある。宮沢はその多感な時代にそれを求めて北大にきて、そして不幸に遭ったのだと思う」

宮沢は北海道各地の山野を歩いた、そのスナップを貼ったアルバムに書いている。

「自然の偉大さを誇る無人の王国、北海道の山々を我物顔に領有して、暇さへあればハイネの詩集を片手に遍歴してまはった。キホーテの如くに、パンチョの如くに、かくして海、山、川をさまよっては、太平洋を越え、大西洋を過ぎ、シベリヤの広野を貫き、アルプスをまたいだ気になって、あはれにも自己と宇宙とは完全に一致したと信じ込むのであった」

この「哀れ」がやがて現実のものになることを宮沢は知らなかった。小沢はいう。「彼を戦後に生かしてみたかった」と。東京の裕福な家庭から北大にきて、外国語に達者で旅行と冒険を好むこの学生を、ペダンティックだとおもう学友も多かったが、岩見沢から北大に通う小沢は宮沢の美質をみてとっていた、と思われる。

北方少数民族への思い

宮沢弘幸の予科時代のアルバムには、アイヌの生活を写した写真が多い。アイヌの古老を写した写真の添え書きに「滅び行く民族、私は愛奴《あいぬ》を愛する、諸学者は愛奴を生命なき骨董品として研究する、私は彼らを生きゆく同胞として愛する、マンロー、バチェラー、マライニの三博士にも劣らずに彼等を愛してゐるつもりである」とある。

ここにいうマンローとは、ネイル・ゴードン・マンロー博士のことである。スコットランド・エディンバラ出身のイギリス人の考古学者、医者で、一八六三年生まれ。一八九二（明治二十五）年に来日し、一九〇五（明治三十八）年に日本へ帰化した。一九三〇年代から日高の平取村《びらとり》（現、平取町）に入り、二風谷《にぶたに》に永住してアイヌ研究の傍らアイヌの施療にあたった。千代子夫人とともに、しばしば札幌にも出てきた。一九四二（昭和十七）年、二風谷で死去した。その死の前年に、宮沢はここを訪ねて、マンロー宅の前で写した写真をのこしている。宮沢はその写真の傍ら

アイヌ・コタンを訪ねた宮沢とマライーニ（左端）（1939年）

に、「この家に馴れしあるじはあらずとも、茂れ白藤《あかしや》匂へ白薔薇」と書いていた。マンローは、軽井沢にももう一つの本拠を持っていたから、宮沢が訪ねた時は留守だったのであろう。このマンローの旧宅は、戦後に北大が寄贈を受けて、北方文化研究施設分室となった。平取村に入った欧米人には、もうひとり聖公会から派遣されたオーストラリア人、ミス・ブライアントがいる。一八九七（明治三十）年来日して、札幌でアイヌ語を習得し、一八九九（明治三十二）年平取村に入り、衛生、育児、技芸などの啓蒙に尽くし、病気のため一九一七（大正六）年に帰国した。

もう一人のバチェラーは、一八五四年生まれのイギリス人で、聖公会宣教師として一八七七（明治十）年に来日、北海道に渡り、函館次いで札幌に住んで伝道とアイヌ研究に専念した。とりわけアイヌへの伝道に努め、日高西部の平取村の伝道にも深く関わった。アイヌ伝道者、江賀寅三もバチェラーの弟子であった（『アイヌ伝道者の生涯』梅本孝昭編）。アイヌ語事典、アイヌ語の聖書をつくり、自宅にはアイヌのための施療施設、寄宿舎を作った。アイヌの教育のために、幌別の「愛隣学校」をはじめ、十二の学校を設立、運営した。「アイヌの父」と呼ばれたが、一九四〇（昭和十五）年帰国し、一九四四年、イギリスの故郷で死亡した。

マライーニは、「私は、ある雪の多い冬の日の午後、バチェラー家にイギリス式のお茶（紅茶とスコーン）に招かれ、この二人のすぐれた老人にお目にかかったときのことを決して忘れることはできない」と書き、バチェラーをイギリス国教派の、マンローを非国教派の、いずれもビクトリア朝時代の遺風を伝える典型的人物として描いている。そして「当然、バチェラーとマンローはうまく話が合うというわけには行かなかった。その会話は、深遠で博識な内容のなかに、どちらの側にも相手をちくりと刺す言葉が適当にちりばめられていた」（前掲書）。マライーニがこのイギリス人の両巨頭と面談した茶会の席に、宮沢も同席していた、と私は思っている。

宮沢はこれらの欧米人が早くに北海道の僻地に入って伝道、医療、教育、衛生などの事業にあたったことに、強い感銘を受けたことであろう。彼は、歴史と先人を侮ってはならないことを知った。

アイヌ学者マライーニとの交友は、宮沢のアイヌへの関心をいっそう強いものにしたであろう。先に紹介したマライーニの宮沢宛の一九四〇（昭和十五）年八月十九日付の手紙には、次の記載がある。

「私は今日うちのトップと日高にでかけ、数日かけてまだみていない村落を見てまわる予定です。私はバチェラーにアイヌの貧困な生活状態について語ったことがありますが、彼はそれに理解を示したようには思われませんでした。或はお年をとりすぎたために、そのためになにかの仕事をする気持ちがなかったためかも知れません。今、ジャパン・アドバタイザー（注、日本で発行されていた英字新聞）に書くための資料を集めています。貴兄が帰ってきたらその仕事を一緒にしたいと思います」

日高にでかけるというのは、アイヌの村落をみるためである。そしてアイヌの貧困について資料を集め、投稿する仕事を宮沢と一緒にしようとしている。二人のアイヌに関する関心の所在を示している。

宮沢のアルバムに、二人のアイヌの古老の上半身を写した写真を右の頁に貼り、左の頁に長い白髭をつけたジョン・バチェラーを中心に、白人の男女と日本人の中年の女性をバチェラーの居宅（現在北大植物園内に移築、博物館別館として使用）の前で写した写真（次ページ参照）が貼ってある。この写真は朝日新聞飯塚記者が撮影した。その上にバチェラーのサインがあり、「八十七翁ジョン・バチェラー自署」という説明がある。さらに宮沢の英語の添え書きがあり、「かれは知識よりもインスピレーションを与えてくれた」とある。宮沢はバチェラーにあって話をきき、つよいインスピレーションを得て、写真を貼ってサインを求めたのであろう。

写真とサインは、バチェラーの帰国直前のもので、日本にのこした最後のものに近いだろう。宮沢がバチェラーに強い執着を示したのは、アイヌへの関心に発するものではなかろうか。

宮沢は、一九四〇（昭和十五）年七月二十一日から二十九日まで、マライーニと自転車に乗って、

バチェラーの添え書きがあるバチェラー（中央）の写真（アルバムから）

北海道中央南部を旅行した。主に日高地方のアイヌの集落を見るのがその目的であったろう。途中でミス・ジェームズというアメリカ人の女性ジャーナリストの自転車ハイカーとしばらく行を共にしている。日高の平取村、二風谷、荷負《におい》、様似《さまに》村、襟裳《えりも》岬、広尾《ひろお》村などの写真が残されているところからみると、日高地方を海岸線に沿って南東に進み、襟裳岬を回ったのであろう。途中、スケレベコタン（平取村）、ウエンコタン（様似村）などを訪ねている。とくに平取村は、沙流《さる》川沿いに開けたところで、日高一の米どころといわれ、アイヌの伝承、古式がよく残されていて「アイヌの都」として知られる。北大のアイヌ研究では、この村を常に調査対象地に選んでおり、アイヌ学者としてのマライーニがまず訪問しなくてはならないところであった。

ここで宮沢、マライーニ、ジェームズの三人は、黒田彦三の家を訪ね、ここに宿泊した。黒田は明治年間に二風谷に入った、宮沢家と同じ伊達藩士の後裔で、ながく昭和の初めまで二風谷小学校の校長をつとめ、ひろくアイヌの信望をあつめた人であった。黒田家の次女しづと会って、楽しそうに談笑している写真を残している。しづは、端正な顔一杯に笑みを浮かべている。

のちにみるように、宮沢はこの年の夏に「満州」へ旅行し、引き続き日本アルプスへ登山しているが、「満州」に発つ八月三日の五日前まで日高地方の自転車旅行をしていたのである。この旺盛な行動力は人並みはずれている。

翌一九四一（昭和十六）年六月頃、宮沢はひとりで平取村二風谷に黒田しづを訪ねている。アルバムには、マンロー博士宅の前に立つしづと宮沢の写真、「二風谷国民学校」の表札の出た門柱の前に他のもう一人の婦人と三人で立つ写真、しづの和服で正装した肖像写真二枚が貼ってある。その一枚は桃割れを結っている。学校前の写真には、「つれなきは我がためならず人として君の得まさん幸ひのため」「馬鈴薯の花咲く夕べ畑打ちて　馬にて帰る蝦夷の小娘」と書いている。しづは宮沢に好感を持っていた。宮沢のほうも「つれなく」して、つとめて自制しているものの、この女性に強く惹かれるものを感じていたことは、ひとりで黒田方を訪問していることと、アルバム自体がそのことを物語っている。これに前後して、宮沢は何度か黒田方を訪ねている。なおマライーニも同様にアイヌ研究のために平取村を訪ねた時は、何度か黒田方に泊まっていた。マライーニの日本でのアイヌ研究は黒田彦三とマンローに負うところが多い、と思われる。

宮沢は書きのこしている。

「愛奴《あいぬ》、余暇は私にアイヌの地名の意義を教へてくれた。北海道は何んと美しい地名に充ち充ちてゐるのであらう。アイヌ程詩的な名を己の住む土地に与へた種族は決して多くはあるまい。独、仏、英皆美しい地名を持ってゐる（その点あめりかは何んと御粗末な地名ばかりであらう）がそれにもましてアイヌのは美しい。昔の王者の跡を辿りながら空想を拾って歩けばその素直で真実な名はそれ丈けで北海道は恋はるるに充分である。だが今日のアイヌの額はこれはまた何んと輝やきを失ったものであらう」

ここにはアイヌへの尊敬と北海道賛歌が告白されている。

マライーニの札幌生活は一九四一（昭和十六）年四月で終わった。京都に移り、京大でイタリア語を教えることになる。宮沢はマライーニの官舎を出て円山公園の近くの下宿に移る。その年の夏、宮沢は京都にマライーニを訪ね、嵐山、保津峡の桂川に遊んでいる。

初めての「満州」旅行

一九四〇（昭和十五）年五月、南満州鉄道株式会社（満鉄）は、全国の大学、高専の学生から論文を募集し、入選者十名に記念品のほか、八月上旬から約一月間、満州の現地見学に招待するという計画を発表した。論文の審査委員は松岡洋右（満鉄総裁、外相など）、大蔵公望（満鉄理事、貴族院議員）、平貞蔵（法政大教授、満鉄参与）、上村哲弥（満鉄参与）、大村卓一（北大卒、満鉄総裁）、岡田卓雄（満鉄東京支社長）、尾崎秀実（朝日記者、満鉄嘱託、内閣嘱託、ゾルゲ事件で刑死）、芝田研三。帰国後、各大学の新聞などに視察記事などを書くことを課せられている。前年の夏には、東京の各大学新聞関係者を「満州」に招待して成果を挙げたが、今回はその範囲を広げて「全国学生層の対満認識を強化せんとする意図の下に」実施するという。

かねて満鉄に関心を持っていた宮沢は、早速この募集に応じ、六月二十日の締切りまでに論文を仕上げて満鉄東京支社に送った。論文の題は「大陸一貫鉄道論」。七月十八日付で東京支社長岡田卓雄から合格の通知と、八月三日の壮行会への参加の案内があった。

このようにして宮沢は「満州」旅行に参加したが、この旅行、正式には「満鉄招聘学生満州調

満鉄の募集論文に入選した学生たち。前列右端が宮沢（1940 年、奉天の満鉄支社前）

アルバムに貼られている「満州」旅行の記念の書類

査団」といい、論文が入選した十一人の学生によって構成され、団長は東大文学部教育学教室助手周郷博、団員は東京商大、日大各二名、北大、大阪商大、京大、東大、早大、東北大生各一名であった。八月三日、満鉄東京支社で壮行会を開き、ただちに新潟に出発し、新潟港から月山丸に乗船し、日本海を渡って朝鮮の羅津《らしん》に上陸した。

旅程を最初に書いておくと、羅津から列車で北上、張鼓峰を東にみてソ連との国境近くを進み、牡丹江《ぼたんこう》に着いた。ついでハルビンを起点に、佳木斯《チャムス》、チチハルを見学し、南下して吉林、新京（現、長春）、撫順、奉天を見て、奉天から大連まで満州航空のユンカース機で飛び、大連で乗船して帰国した。帰京は八月三十一日であった。

宮沢は奉天から札幌の松本照男に出したハガキに「あの応募論文は三百通近くあって、松岡洋右、大蔵公望その他のお歴々が真面目に審査したさうだが、こんなに豪奢な旅行ができるとは思はなかった」「一行十名中僕が一番のハリキリボーイで、強引で、心臓が強いさうだ」などと書いている。帰国後、『北大新聞』に載った紀行には次のように書いている。

「乗った輸送機関は、自動車、バス、トラック、ハイヤー、洋車、馬車、三輪快車、飛行機まであり、共に語った人は国別にして日、鮮、満、蒙、支、露、仏、イラク人となり、職業別にして満鉄系では車掌から総裁までの間の殆ど凡ての階級、日本官吏、満州官吏、大学教授、豪商、旗人、苦力、露店商人、職業婦人、農民、開拓者、軍人、鉄道警備隊、学生、回教僧、小商人、百貨店支配人、文士、映画人から下は寄席芸人、醜業婦に至るまで、思い切ってどんどん話を交へてみた。その他ホテルのボーイや路傍の人を挙げればきりがない」

いつもの旺盛な行動力と吸収力、それに語学がものをいって、大いに得るところがあった。

宮沢は、この十二月十四日付で、満鉄東京支社鉄道課長高橋威夫から「学生満州調査団巡回現地報告隊派遣に関する件」と題する書面をもらった。「貴下の現地における真摯なる研究視察より得たる体験を基礎とせる現地報告により、新体制下学生青年層の対満認識をさらに強化拡大し、以て今夏の渡満による成果を如実に具現致し度く」、日を指定して函館、小樽、札幌で開かれる「現地報告講演映写会」に出席して報告して欲しい、という依頼である。これには「尚現地報告内容については、文部省より左記の如く注意ありたるに付き、念の為め通知す。一、学生としての立場を保持すること。二、批判が矯激にわたらざること。三、対満政策に反せざること」という添え書きがあり、さらに「当社員随行の上一行の指導監督に当たる」と書いてあった。満鉄の方もどうしてなかなかしたたかである。宮沢はこの依頼に応じたであろう。

前年九月にドイツはポーランドに侵入し、イギリス、フランスはドイツに宣戦布告を行って、第二次世界大戦の幕は切って落とされていた。ドイツ軍は、ヨーロッパ各地を席捲し、この年五月にはイギリス軍がダンケルクから撤退し、六月にはパリが陥落して、フランスは降伏した。この月、イタリアがイギリス、フランスに宣戦し、ドイツとイタリアはヨーロッパの覇者になるかにみえた。

このヨーロッパの戦局の急転回に刺激されて、日本の軍部は日中戦争の一挙解決を焦った。

宜昌《ぎしょう》作戦の展開や、重慶《じゅうけい》爆撃の強行がそれを示していた。そして宮沢たちの一行が「豪奢な旅行」を楽しんでいたとき、中国華北では八路軍による「百団大戦」が行われ、華北全域で日本軍への激しい攻撃が行われていた。

国内では大政翼賛会の運動が起こり、政党、労働組合の解散が相次いだ。七月二十七日、大本営・政府連絡会議は「世界情勢の推移に伴う時局処理要綱」を定め、好機を捉えて南進する方針を決め、九月にはインドシナ半島の北部仏印領（現在のベトナム）に進駐した。日独伊三国軍事同盟が締結されたのもこの頃であった。

北朝鮮から「北満」へ

宮沢はこの「満州」旅行、つまり満鉄招待の見学旅行について、当初の募集要領を忠実に守って報告を書いた。この報告書は「満州を巡って」という題で『北大新聞』の一九四〇（昭和十五）年十一月十二日付、二十六日付、十二月十七日付に三回にわたって連載された。全文一万四千字にもなる長文なので、宮沢の思想を知るうえで大切と思われるところだけを紹介する（「　」内はすべて引用である）。

すでに記したように、この旅行は、新潟から船に乗って日本海を渡り、朝鮮北部の新興都市、羅津に上陸した。宮沢は、まず美しい都市の景観の叙述からはじめるが、ただし美しいとばかりはいっていられない。朝鮮の地、羅津に満鉄が港湾と鉄道を建設していることに触れて、宮沢は問題を提起する。

「元来、此処は朝鮮総督府の統治する処であるが、満州国の裏玄関としての重要性に鑑みて、鉄道港湾を全く満鉄の手にゆだねた事情から云っても、羅津に転がってゐる諸問題は実想を識る上に甚だ大切な役割をする。その二、三を拾ひあげてみよう」

まずは、港湾都市の「跛行的建設」から、「日満一体」とは何か、という問いに発展する。

「我々は埠頭から街まで自動車に乗ったが、埠頭から昭和橋までの区間は満鉄が道路経営を委託されていて実に立派に舗装されてゐるが、橋を越えた途端に自動車はパンクをしたみたいに――全く信じられぬ程突然――ガタガタと揺れ始めた。朝鮮政府としては羅津の道路舗装にまでは財政が及びかねるといふのだが、さりとて満鉄がかかる文化付帯事業を橋向うまでするのは行政区画上許されない。いかに交通が文化を生むとはいへ、もともと付帯文化が伴はなくて、交通機関のみでは事態は決して円満な発展を遂げるものでないことは、誰にでも明白である。それにも拘らず大規模な鉄道、港湾工事に随伴するべき道路や水道、ガス、学校、住宅等について、一般文化施設をするには総督府には金がなく、さりとて羅津全体を満鉄付属地帯と決めて、一切を満鉄に委託するのは国家の体面上変だといふので、羅津庁とでも云ふべき特殊団体を規定しようなどと云ふ案が問題になってゐるが、些細な点に引掛って現状は跛行的建設が行はれてゐる。日満一体とはいふもののここにはまだまだ至急に矯めねばならぬ点が多々あらう」

問題はそれだけにとどまらない。都市建設に伴い、土地の値上がりを見越した日本人の資金が土地の先行取得に投下され、面倒な不在地主の問題をひきおこしていることにふれる。

「日満どころか、不在地主の弊害等の点では、日本内地と朝鮮現地との間にすら考ふべき難問題が潜んでゐる。この不在地主問題とは、内地富豪または政閥による土地の思惑買のために、羅津府の都市計画が想像以上に妨害を被ってゐる事である。土地の如きは頻々と人の手に渡ってしまって、誰の所有か府で調べてみてもわからない程で、さりとて誰かが所有してゐるのは確かであるから、みだりに手をつけるわけにはゆかないと云ふ例すらある。内地の知事に当る府尹と対談した時にも、日本人府尹自身の口から、内地当局者の注意をかねてより喚起しようとしてゐるのだがなかなかこちらに協調してくれない、と云ふやうなことを聞いた」

宮沢らが乗った列車が北上してまもなく、張鼓峰事件の戦跡をみることとなる。張鼓峰は「満州」、朝鮮、ソ連が国境を接する地帯にある小さな高地であるが、宮沢がここを訪れたちょうど二年前、一九三八（昭和十三）年七月末から八月にかけて、この高地をめぐって、日ソ間に国境紛争がおこり、武力衝突に発展した。当初、朝鮮軍第十九師団の攻撃によって撤退したソ連軍は、兵力を整えて反撃に出て、日本軍は多大の犠牲を蒙って後退し、停戦した。

宮沢は、この戦跡をみて、「銃眼が不気味に見える」国境地帯の緊張にふれる。

張鼓峰事件のときに奮闘した満鉄の鉄道員たちの話をきいて、「全く頭が下がる気がした」と書き、「日満蘇三国の国境に立つ張鼓峰とは、何と複雑な存在であらう」と嘆ずる。

農村をみる

さらに、日本人が本国から渡ってきた移民村をみてまわった宮沢は、「満州」開拓民の性格に注目する。

「北海道に狎れた私の第一に感じた事は、満州の移民団の偉い点は出稼ぎ根性のない処にあると云ふ点である。勿論望郷の念も生活の不安、仕事の苦労も筆舌に尽くし難い程あらう。然し彼らはともかく黙々と聖鍬を振るってゐる。国策的決意を持った優秀な開拓民である点で、特に北海道、樺太のそれと一般的に異なる」「村の幹部で公金を拐帯費消する者、素行の修まらぬ者、内地へ退却する者など、誰もどの本も詳しく述べてゐないが、世界中のあらゆる植民地と同様に不可避的に存在してゐる」

とくに宮沢の農村指導者をみる目は厳しい。

「哈爾浜《ハルビン》の義勇軍訓練所にゆくバスで、弥栄《いやさか》村の幹部連中が満州巡りを村費でしてゐるのに乗り合せた。決して彼らが大切な夏に遊び過ぎると非難する訳でも、彼らに機械的生活を押し付ける訳でもないが、ただその時の彼らの言動に北満開拓の指導者らしくないものを感じてかなり考へさせられた」

「電気屋」の宮沢は、ここでも農村電化の必要を熱心に説いている。

「農村の能率を高めるにはどうしても第一に収穫密度の増進、第二に機械力の併用、第三に農閑期の副業を考へねばならぬ」「北満は寒いことは寒いが他の条件が良いので、電気工作物に対する技術は日本に於けるのと比して大差ないとは、哈爾浜《ハルビン》工大教授のある工学博士の言である。副業も電気さへあったら各種得られる事は常識の通りである。然し農村指導者中には、電気屋が口を出すとどうも事が面倒になる。農業とは元来そんな性質のものではないと主張して、過去の歴史と習慣を固守する人を私は満州でも見た。二十世紀の工学は過去のと異なり、ただ天然資源について回るものではなく、自ら新しい創造をなし、且つ古い秩序を破壊すると云ふ二面性を持つものであり、殊に電気応用範囲の拡大は、過去の産業の平衡と国土の調和とをいちじるしく破ったものである故に、また当然新規の建設を行ふにはどうしても農村に電気を入れねばならぬ。農村はこれ以上立ち遅れなくともよからう。東西両隣国は電化によって最も能率的な効果を見通してゐる。日本人たるものうかうかとして居られまい」

宮沢の農村電化論は、ここで一躍して、ソビエトの「農業電化の勝利」に学べ、という議論に発展する。大胆な議論というべきであろう。

「ではこのためにはと開き直って難しい議論を陳列するまでもなく、もっと地理的悪条件下のシベリヤに於ける事実が雄弁に農業電化の勝利を物語ってゐる。『ソビエット政権プラス電化』をモットーにして、レーニン以下の当局者が殆ど荒廃に等しい大農業国を工業化すべく、農業分野では各種農機の製造修繕、農産物の加工、灌漑給水、電気トラクター、脱穀機はもとより、人工土地加熱、人工孵化、搾乳にまで応用せんと努めたので、勿論各種の失敗があって未だ満足すべきでないまでも、その発展段階に見るべきものがある。国営農場や集団農場とは組織が異なるにしても、なほ火、風、ガスによる十キロワット内外の小発電所の如きも大いに学ぶべきであらう」

「満州帝国は独立国に非ず」

宮沢の目は、「満人小学校」の悲惨に注がれ、天照大神にふれて、実にあっさりと「満州帝国は独立国に非ず」という、いっそう大胆な発言となる。

「佳木斯滞留中一日を割いて約二時間車にゆられながら弥栄村を訪れた。当時千振《ちふり》に高倉助教授の指導下に北大生が七、八名ゐると聞いたが、遂に千振まで行って苦心の調査実況を見て来られなかったのは甚だ残念であった。内地のきちんと整頓された畑に慣れている私の目は、初夏だといふのに雑草だらけの畑にまず驚かされた。次にそこの満人小学校の崩れかかる土牢のやうな薄暗さは、アイヌの陰惨な家を連想させて私の頭にかなりの陰影を印したが、そこで見た成績品のうち、幼童の端麗な字体は又人を驚かすに足りるものであった。同行の東大教育研究室の周郷氏は、かなり興味のある問題を拾はれたようだった。満人小学校を出てすぐに日本人小学校を見たが、これは立派な煉瓦造りで東京近郊に出しても恥づかしくない建物で、八月十一日にしてなほ朝は寒い（九度位）とおんどるをたいてゐた。そこの寄宿舎の人々はその設備を誇ってゐたが、それ丈に私には厳然と差別待遇を受けてゐる満人小学校が悲しく思はれた。満州でも日人、満人を問はず天照大神が祖神に祭られてある。現地に長く居る人の話によると、一カ月位の忽々の視察をして帰る人は殆ど必ず悲観論者となり、満州に定着する人は五年たってやっと正しい把握をなし始めるとの事だが、それでもやはり私は満州帝国は独立国に非ず、と云ふ現状を満州のために悲しく思ふのである」

北大と「満州」

後述のように、北大、北大卒業生と「満州」との関係は深い。そこで宮沢は各地で北大卒業生や教授の諸先輩と巡りあった。そこで宮沢は自戒をこめて、先輩の北大人のありように苦言を呈することになるのだが、その筆鋒は鋭い。

「満州を一巡して感じたことは、兎に角総括的に見て、北大卒業生が満州では数は多いが余り恵まれて居ないと云ふ事である。勿論技術家と文官と云ふ歴史的な問題もあらうが、もっと根本的な問題が北大関係者自身の中に横たはってゐるやうな気がする。その一、満州内にゐて強力な北大会を造らうとする人がゐない。皆一応はかかる会を持ちたいといふ小希望はあるのだが、音頭を取る人がゐない。気はあっても力はないのであらうか。その二、北大教授にして、わざわざ満州まで足労をとって、又は満州へ来たついでに、教へ子の苦境を積極的に救はうとする人が殆ど居ない。この二例の裏にひそむ問題は、我々が是非反省せねばならぬものであらう。『駒井徳三（注、北大農卒、満州国初代国務院総務長官）退いて以来』とよく北大関係者は云ふ。一体とかく過去の人ばかりを引き出して追懐にふけらうとしがちなところに、北大人共通の弱点があるまいか。

我々は今日に生きてゐるのである」

宮沢は、北海道農法を「北満」に適合するように改良するために、北大人の農業技術者は気力を奮って協力せよ、と提言する。そしてその「思ひ上ったやうな口吻」に、みずから少し照れている。

「北大勢力の大陸進出状態と表裏の関係にある北海道農業の大陸での成果を、専門違ひではあるが一寸ここに付言しよう。移民団は、あらゆる人が叫ぶやうに、確かに無数の難問題を抱へこんであがいてゐる。藁をも摑みたい程の開拓者たちが、成功をともかくも収めた北海道農法に頼り始めたのも確かである。だが略《ほぼ》完成した北海道農法は、呱々《ここ》の声をあげたばかりの北満農業にとって母の手たり得るが、そのままでは移植してその母胎となし得ないことが結局実証された。つまり北海道農法を北満に合ふように改良することが問題なのである。

北大の先輩達は皆此処まで明瞭に了解してゐるが、ただ此処から先へ積極的実行手段をとらうとする者が殆どない。勿論個人的に鋭意研究してゐる人はゐる。しかしこの人々の尊い努力にも拘らず――思ひ上ったやうな口吻で甚だ恐縮だが同校の一学生として農学部の人々に飾り気なく云はしてもらはう――一貫した組織がなくてはかかる大事業に偉大な効果を期待し得ないと私は論断したい。現に北満では北海道農業がだんだん奥地へ退却しつつある。開拓民の営農上、北海道農法の吸収強化が叫ばれてゐるにも拘らず、その実験が実施されてゐるのは黒龍江省など僻遠の屑地のみである。これではよい改良法を研究したいにも意の如くならぬであらう。云ふまでもなく道庁で道からの満州移民を喜ばない傾向も大いにあるが、何としても北大人の気力に重大な責任があらう」

「民族協和」とは

宮沢は「在満日本人」の向かおうとする方向を、二つに分類する。

「根本的に分類すると、日本人的没我的国家的な熱意が現地では二つの相反する方向に傾いてゐる。一つは日満民族融和を通り越して民族同化にまで進まねばならぬと主張し且つ実行する人々であり、他は、両国民族の協調は勿論必要であるが、その間には必然的に懸隔が先天的素質及び文化財の上にあるから、我ら天孫民族たる者はあくまでその優秀な地位を忘れずに弟として満州民族を善導し、その間長幼の序は保たれねばならぬとする人々である。前者は運命絶対共同体を唱へ混血問題にまで進まうとし、後者は民族主義的な血の純潔を保たうと努める」

宮沢は、二つの方向に向かおうとする「在満日本人」をさらに三種類に分ける。もっともここでは「在満日本人」の指導層のことが論ぜられており、最大多数者の開拓農民と兵士が欠落している。

「はっきり色分けすれば、在満日本人に大体三種あって、その内大多数を占める満鉄社員に云はせると、『我あってこその満州国である、凡そ満州国に関する限り満鉄には三十年の歴史がある、満鉄こそ先駆者である、それに反して満州国政府には八年の歴史しかない。漢人とてもともと移民ではないか。昔の移民が新しい移民に駆逐されるだけのこと、彼らに譲歩する必要など絶対にない』と云ふ意見。さて満州国政府の日系官吏側では、五族の絶対協和を主張して、日本人たるもの徒らな島国根性や狭量な優越感を捨てよ、と説く。最後に関東軍側では満人の知識階級中に欝々として起りつつある日本人への反感が相当強いのを察知して、慎重な注意を要すると日本人自身へ警告しつつあるのだ」

そこで「日満親善」とを説く前に、まずなによりも「日日親善」が大切だ、というのが宮沢の結論である。

「考へてみれば満鉄が既に一つの確固たる地位を完成して了ってゐるのを、政府が国としての体面上、及び日常標榜する計画政治上いろいろと回収運動を企てるのであるから、そこに気分上からさへ意識的な軋轢が生じるのも無理はないのである。満鉄側の一部は五族協和を認めぬことを公言し、大部分が自分等の優越な地位を認め、指導者の立場を固執しようとする気持ちがかなり強く表れる。ここらがいはゆる新京と大連との差であらう。二、三の例をあげれば、問題の大東港にしても満鉄が始め独力で計画を実行する予定だったのを、一流の港を一つも持たぬ政府――大連にしても羅津にしても政府は一指も触れる事が出来ず全権は満鉄にある――が割り込んできた次第なので、満鉄側ではそれを白眼視して、ことごとに政府側の失敗を数へたてて冷笑しようとする気分が動いてゐる事は否めない。最近満鉄経営の手を離れて政府保護の下に独立させられた各種小会社にしても同様の雰囲気が見られるのである。資源等に関する公表数字すら新京と大連では甚だしく異なり殆ど一致することがない。かう書き並べるとあはてて私を否定する人々も現れようが、事実は何としても事実である。かかる点では日満提携親善等と叫ぶ前に、より根本的な日日親善の問題がある。未だ行ったことはないが、恐らく支那その他でも同じ現象が見られよう。大陸経営上の同胞相剋を克服することが焦眉の問題である」

次に「日満提携」の課題であるが、「満州国」建国の「理想」は地に墜ちている、というのがその所感である。「国防的要請」が建国の「理想」の実現を妨げている、という指摘は鋭い。「満州」をめぐる日本帝国のホンネとタテマエの矛盾をついている。

「勿論日満提携の方にしても満州国は建国以来の最も顕著な特質として五族協和の理想を掲げ、その実施に努力してきたが、過去八年の苦闘にも拘らず実績は殆ど挙がってゐない、とは現地の人々の断言する処である。現在の満人インテリ青年層と各地で接し、特に新京では代表的知識階級と会ったが、彼らに接して最も強く感じるのは、殆ど全部がその心底に深刻な煩悶と苦悩を抱いてゐることとである。彼らにもやはり建国当初のあれ程の感激的の熱情と積極性とを発揮した雄々しい姿は消えてゐる。実際遺憾なことには国際関係の緊迫化に対処する国防的要請は、恰も建国の（以下十数字判読不能）のである」

最後に日本人論が展開される。

「『日本人の行為は矛盾だらけである。或る社会上政治上の感想は殆ど一人も余さずに合致しながら、一貫せる政策をとることは数か月をでない。大主義の下には我を忍ぶが、一面ではまた小異のためにすら徒党は絶えず分裂する。至極高尚な感想を抱いて、しかも時には憎むべき罪悪を犯すに躊躇しない。遜譲に過ぎるまでに礼儀を重んじながら、他面他人の感情を害するを意にかけぬ』と或る米人が批評して居たが、確かに我々の弱点は、種々の刺激に応じるのに感情の辺をもってして、明瞭な論理的分析をなさず、動《と》もすれば政治的調和を来すべき実際の事情を斟酌《しんしゃく》することや、又は高遠な思想感情を日常卑近な事柄に確固と結びつけるのに得意でないことだ。才気ある青年が国家またはその特に貴重とする理想のために、燃えたつ許《ばか》りの心情を抱いて事業を創始せんとすることの多いのは、驚くべき程だが、往々その熱情が浮薄に陥るのも否めない。いはゆる穏健な常識に遵《したが》って形づくられた生活の規律をはづれ易いのである。この性質が民族協和達成をどれほど阻害した事であらう。この短い旅行に、私は幾多の満鉄少壮社員が昼論じては堂々天下の士としての卓見を吐きつつ、夜は巷間で酔態に我を忘れるのを目撃した。また県当局と協和会と満拓と満鉄、この四つの機関の入り組んだ関係について、どんなに聞かされたことか」

これらの議論を展開したうえで、「各自の本分に則って臣道を実践し、以て皇道の発揚に努めなくてはならぬ」というのが、宮沢の結論であった。

「大陸一貫鉄道論」

一九四〇（昭和十五）年夏の「満州」旅行は、宮沢の応募論文が入選したことによるが、宮沢は帰国後にさきにみた旅行記「満州を巡って」を書いて『北大新聞』に発表したのちに、「満州」旅行での見聞を加えて応募論文「大陸一貫鉄道論」を補正して書き直し、満鉄発行の月刊誌『満鉄グラフ』に投稿し、これが同誌の一九四一（昭和十六）年五月号から八月号に連載された。

この論文は、序文、結言と六章から成る全文二万八千字に達するもので、しかも数字を多用した工学論文であるから、紹介は自ずから簡潔なものにならざるを得ない。

欧亜を結ぶ「大動脈」

「流線型で窓は広く、褥は厚く、電灯は明るくて而も眩輝なく、車内は清潔、運転は極めて静粛正確で、煤煙は吐かず、重心は低くて乗心地はよく、急峻な勾配線も高速度で、加速度と減速度が大きい列車が、東京を出て対馬海峡の底をくぐって奉天、天津、漢口、広東、ハノイを抜けてバンコックへ、正確に定められた時間に寸秒違はずに到着して東亜共栄圏を日々確保する――かかることは、今日に於ては確かに夢ではあるが、明日の世界に於ては現実であらねばならぬものである。三十年前には満鉄社員の間にさへ特急『あじあ』はとてつもない夢ではなかったか」

宮沢は旅行中に満鉄の電化問題を研究し、その必要を説いたが、さる高官に一笑に付せられて大いに不満であった。そこで宮沢の筆致には、満鉄の技術者に大きな声で呼びかける傾向が強い。

第一章「満州国及び満鉄の新しい意義」は、ロシアの南進とヨーロッパ列国の東進をくいとめたのが「日露戦役」であり、「この時から東洋の解放運動は始まり、今日の東亜共栄圏の基礎が築かれ始めたのである」という。そしてこの事業を遂行していく上で、「比較的短期間ではあるが、今日まで満州国がなしてきた事跡」の研究が大切である、とくに交通問題の解決にあたっては、「満鉄が開拓国防鉄道としてなした事跡が、どの方向のいかなる海外発展政策にも研究されねばならぬ重要な問題となる」「満鉄はもはや南満州の鉄道会社ではなくして、亜細亜の鉄道省たるべきである」という。

第二章「交通問題の再検討」では、「交通が文化を生むものであり」「鉄道のある所には人間が参集する」「鉄道こそは国家の大動脈といふべきである」「その運輸機関を白人の我利的支配にまかせず、東洋に関する限り東洋が自決していくこと」が大切である、「東洋人自身の平和的な運輸線を建設、確保せねばならぬ」と説く。

第三章「ルートについて」では、壮大な大陸一貫鉄道網を提唱する。まず根幹線として、東京――(対馬海峡底隧道)――奉天――天津――漢口――広東――ハノイ――バンコックを敷設する。「これは東亜の最重要部を縫ふ共栄圏の大動脈たるべき線である」「今日すでに東京、下関間には広軌新幹線が建設され始め、且つ釜山から広東まではレールは続いている。あとはこれを電化し、広東からバンコックまで延長すればよいのである。即ち之は到達し得ぬ夢ではなくして、明日からすぐ実行に移せるものである」

因みに、東京、下関間の広軌の新幹線建設計画は、一九三九（昭和十四）年から翌年にかけて、かなり具体化したが、これとてもすぐに支那事変の長期化を理由に取り止めとなった。

宮沢の「夢」は、さらに続く。

第一支線。「大連、ハルピン間九四六キロを大陸一貫鉄道の第一支線として、先ず電化せねばならない」。電化の目的は、「石炭の経済と輸送力の増加」である。満鉄はいまや輸送力の不足のために、未曾有の滞貨を出している。「満鉄二十万社員の賢明な認識を乞ふ所以である」

第二支線。奉天――張家口――包頭――甘州――粛州――ハミー車庫――カシガル――タシュクルガン――カンダハル――テヘラン――バグダッド。「これは従来の支線の観念を越えた長大な線で欧亜を結ぶ軸である。即ちバグダッドからは欧州の各都市へ容易に連絡される訳である」「これはシベリヤ鉄道に対抗する防共鉄道である」、この支線の「電化は一部分にとどまらう」

第三支線。ハノイ――昆明――会理――昌都――吉丁西林――布隆台《ブルンタイ》――アヤククムリリ湖畔――車爾《チエルチエン》――干闐《ケリヤ》――和闐《ホータン》――葉爾羌《ヤールカンド》――カシガル。

この支線は、「恐らくはディーゼル電気機関車が最良と信ずる」

第四支線「ハノイを起点としてビルマを抜け、カルカッタへ出る線」「これはカルカッタから英国系の諸鉄道と提携して、印度及びアフリカと連絡をとる線である」

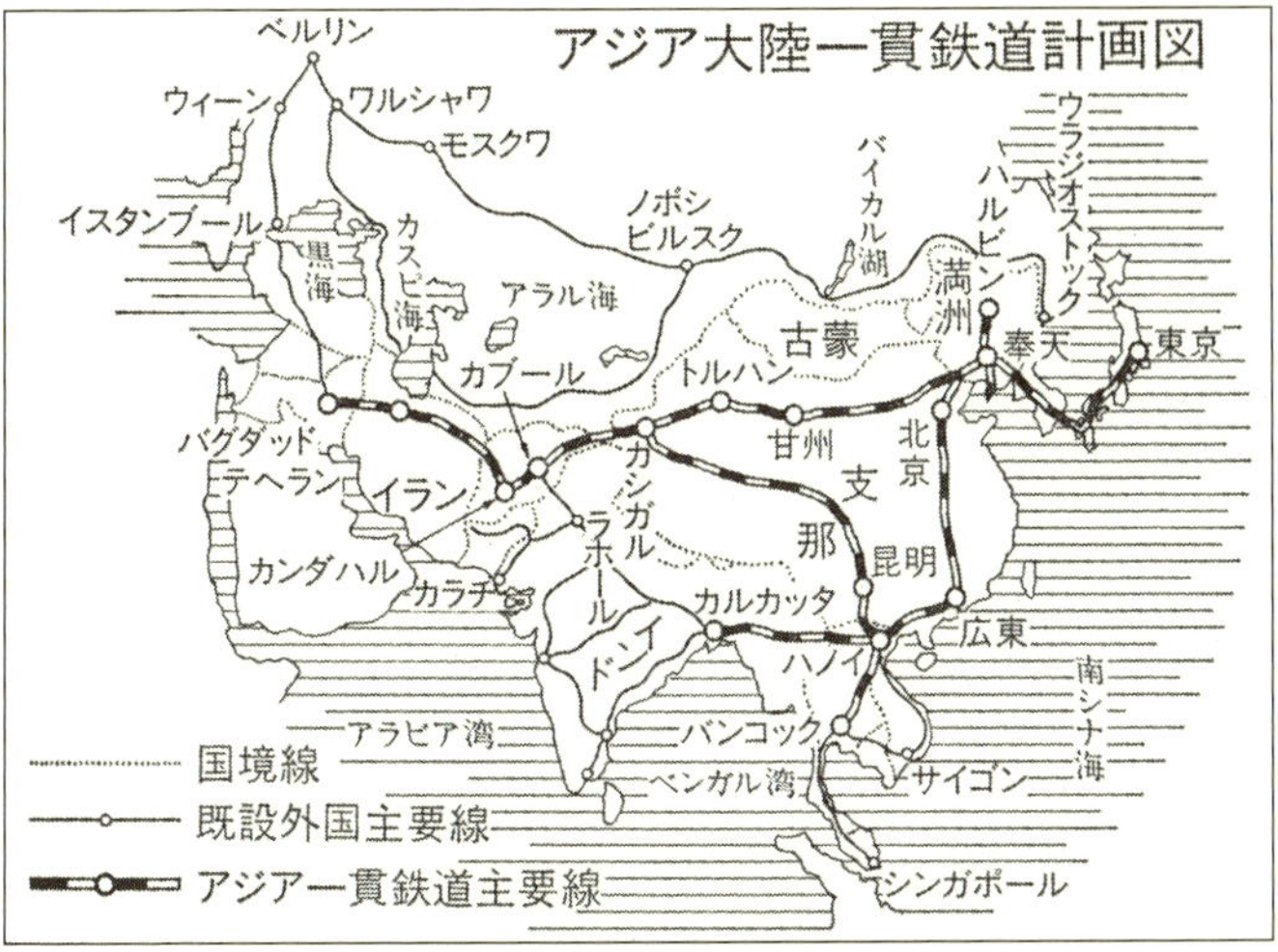

これらの鉄道網は、「長年月を要する遠大な計画であ」って、これらに接続する「幾多の小線」が必要となる。これらの鉄道線と並んで「鉄道後背地の連絡開拓、または小支線の代行」として、自動車線の建設が必要である。さらに大陸では「内河水運」を開発し、「鉄道と水運は互ひにあざなって太まる綱の関係」を創らなくてはならない。また「航空機の得失をよく考慮するとき、奉夫、バグダッド間の鉄道に大体沿って航空線をつくり、欧亜間の距離をもっと縮めることに思い当たらう」「東京、ベルリン間を三日で飛べたら。こんなことも夢のままに葬り去ってはならぬ計画であらう」

第四章「電化についての討議」は、鉄道電化の勧めである。まず「私は電力資源は有り余って困る程だと責任をもって云ひ得る」「殊に亜細亜には充分な水力資源があって、負荷中心から適当な距離にあれば、送電線で経済的に電力を送れる」、河湖から離れた所では「火力発電所を用ひればよい」「支那大陸では一般大衆の生活程度が極めて低く、且つ農業中心故、電気事業も僅少の大都市を中心としてその普及程度も極めて低く、東亜共栄圏中最大面積を持つ有力な国として、至急電気文明を吸収する必要がある」「大陸電気鉄道にいかほどの電力を要するかは、運輸量の推定が余りに漠然としてゐるから、決定的な数字は得られぬが、ともかく、電力不足は決してなく、しかもそれによって付加的に電気文明が向上することは非常なものであらう」

「中央発電所を一、二箇所破壊すれば」「全線の運転を停止させる」ことができるということから、「電化線は一旦有事の際甚だ危険であると云ふのが定説」であったが、今度のヨーロッパ戦線の経験によれば、蒸汽線、電化線の別を問わず、所詮は「強力な陸軍の防護力によらねばならぬ」のであって、電化線の方が、蒸汽線より危険が大きいということはない。

電化を必要とする理由は、まず石炭の節約である。「蒸汽及び電気列車に対する石炭消費の比率は、二・四対一となる」「将来各種の工業を我が共栄圏内に樹立せんとするのに、貴重な石炭を鉄道に浪費するのは我々の取らぬ所である」。ついで「輸送力、速度、出力の増加」のためである。スイスの南東鉄道、イギリスのワーラル線、ヴァジニアン鉄道の経験によれば、電化による輸送力、速度の増加は顕著である。諸国の電化はすすんでいる。「大国として百年の大計を樹てる時、簡単にゆきづまるような案は最も嫌ふべきである」

また「電気機関車は蒸汽機関車より製作費は高いが、保守費は安い」、イギリスのウエアー氏の「精密な計算によると、英国では結局電化により保守費の五七％が節約される由、またシカゴ・ミルウォーキー鉄道では修繕及び機関庫費は蒸汽運転の場合の六五％が節約された」。宮沢は「昨年度の電化工事中最も成功した例」として、ブラジル中央鉄道の経験をくわしく説明したうえで、「電力も資材も充分ある大亜細亜の一貫鉄道を電化すべきか否かは甚だ明瞭だと信ずる」「我々が最も注意を向けなければならぬことは、この鉄道の目的が侵略的、排他的であってはならぬ点である」「あくまで東洋人のための東洋鉄道たることを限度として、広く開放すべきである」「極北のシベリヤにさへ鉄道が施けたのだ。私が述べきたった如く、大陸の心臓部に電気鉄道をひくこととの必要性もやがて万人が口にし始めることと思ふ。そしてその第一歩は満鉄の電化にある」

論文は、第五章「費用及年限」、第六章「この計画に絡まる諸問題」と続くが、第五章の初めに次のように書いている。

「此の章を書かうとして私は世界中の有名な鉄道施設の費用年限其の他を調査してみたが、余りにも膨大な資料が集りすぎて了った。之等は他日、満鉄丈けの電化について論文を書く時まで全部保存しておかう」

宮沢は他日に焦点を「満鉄電化論」にしぼった論文を書くことを期していた。ともあれ、宮沢はこの論文を仕上げるのに、図書館から大量の本を借り出して勉強した。大條正義は中央アジアについての本を買って、宮沢の研究に協力した。

大満鉄に物申す

宮沢が満鉄発行の誌上にこれを発表した主な動機は、旅行中の見聞にあるように思われる。大陸一貫鉄道論が宮沢の持論であったことは間違いないが、旅行ののちに「満鉄電化論」の部分にかなりの加筆をしている筈である。つまり当面の主題は満鉄を電化する必要を説くにあり、この主題から出発して電化線としての大陸一貫鉄道論を展開している。というのは、さきにも一言したように、旅行中に「満鉄電化論」を満鉄関係者に説いたが、電化線は「経済上、国防上危険である」という「謬見」により、「専門違ひの高官に一笑し去られた」。しかし宮沢の見聞によれば、「満鉄内自身で大して研究していない」ばかりか、「正直に告白すると満鉄の電気課の力量に失望」したのである。そこで「今からその強力な調査機関をこの方面に動員して、どしどし下準備にかかれるだけの大度量、大識見を持って頂きたい」というのである。宮沢が序文で「これを未経験者の突拍子もない夢と一笑し去らぬやうお願ひしておきます」と書いたのは、旅行中にそれに似た経験を持ったからであろう。満鉄の電気課の力量に失望したといい、「専門違ひの高官」といってはばからぬところに、宮沢の技術エリートの卵としての自負があり、そしてそれは時に「思い上がり」にも通ずるものであったろう。未熟ではあるが、不敵といってもよい面構えがそこにある。「大満鉄に物申す」という姿勢である。

「大陸一貫鉄道論」は「東亜共栄圏論」と「電化論」とを接合しているが、そのつながり具合はうまくいっているとはいえない。後者は宮沢の「電気屋」としての発言であるが、前者はどこかから借りてきたものという感がある。しかし、宮沢もまたその時代の人として、「東亜共栄圏論」の虜になっていたとみてまちがいない。ここに宮沢の「国士」的性格をみる向きもあろう。知的好奇心の旺盛な宮沢には、いろんな要素が混在していたのであり、そのことがこの青年の将来を期待させたのであろう。宮沢には、北大で接した何人かの優れた欧米人や、北海道各地を訪ねて知ったアイヌとみくらべて、冷静に日本人を広い視野に置いて見る目が育ちはじめていたことは間違いないが、しかしまた、当時流行した「日本人優秀論」「日本人指導者論」にも与《くみ》していたのである。これらはさきにみた旅行記「満州を巡って」のなかにも確実に流れている。「大陸一貫鉄道論」には、「東亜共栄圏」の建設は長期、困難な事業であることを強調したあとで、「しかし柳川中将と対談した時にも強く感じたのであるが、私は日本民族の優秀な素質に充分期待して、その成功を信じて疑はない」という記述がある。

ここに出てくる「柳川中将」とは、一九三七（昭和十二）年、中国大陸で日本陸軍のおこなった「杭州湾上陸」と「南京陥落」と、そして「南京大虐殺」とに「武功」のあった元第十軍司令官、柳川平助陸軍中将のことである。宮沢がどういう機会に柳川と「対談」したかはわからないが、柳川中将と宮沢家との間には、奇妙な縁がある。

宮沢家では一九三九（昭和十四）年頃、藤倉電線が社業に貢献した会社幹部たちに安く譲った千駄ヶ谷工場の跡地に、和風の邸宅を建てて長い借家住まいからぬけでようとした。家は立派に完成したが、直前になって入居をとりやめて、他人に貸すことにした。理由は、この家は方角が悪い、というのである。方角のことなら前からわかっていたことだから、この頃、宮沢雄也・とく夫妻にそのような進言をした易者がいたのかもしれない。技術者宮沢雄也は何故か易者のみたてに弱かった。そこでこの新築の邸宅を借り受けたのが、興亜院（注、中国占領地の施策に関する官庁）総務長官をしていた柳川中将であった。ところが柳川は、一九四〇（昭和十五）年十二月二十一日、第二次近衛内閣で風見章の後を追って司法大臣に就任したのである。だから宮沢の「大陸一貫鉄道論」が『満鉄グラフ』に連載されていた頃は、柳川は司法大臣であった。ある日、柳川から家主の宮沢雄也に話があって、今度大臣になって、玄関先に警官の小屋が必要になったから建ててくれ、というのである。雄也は大いに不満だった。大臣に貸したわけではない。勝手に大臣になっておいて、家主に警官の小屋を要求するのは筋違いだ、というわけである。そこで雄也はこの申し出を断ったはずである。柳川は一九四一（昭和十六）年七月十八日まで在任して、太平洋戦争の開戦に備えて、国防保安法の制定、治安維持法の改正などに尽力した（拙著『核時代の国家秘密法』X「戦時下の国家秘密法論議」〈その二〉参照）。

宮沢弘幸が検挙されたのは、柳川退任の約五ヵ月後であった。柳川はその存在の末期に、さきにみた「国防保安法及び治安維持法所定の刑事手続の適用を受くべき犯罪事件に関する稟請及び報告方の件」という昭和十六年五月二十六日付司法大臣訓令を発している。もし柳川があと数ヵ月在任していたら、家主宮沢雄也の息子で、「対談」したことのある弘幸の検挙に関する報告に接したことだろう。千駄ヶ谷の家は、のちに弘幸の受難対策の諸費用を捻出するために、売却された。

柳川は司法大臣退任後も、第三次近衛内閣に国務大臣として入閣したが、その年十月十八日、東条内閣の成立によって退任した。戦後、東京裁判によって南京事件の責任を問われうる立場にあったが、病死によって免れた。

南京事件といえば、あるときマライーニがアメリカの新聞で南京事件を批判している記事を宮沢に見せたところ、宮沢は言下に、それはデマだ、日本軍がそんな残虐なことをするはずがない、といってとりあわなかった。マライーニはこのことにふれて、「宮沢はとてもとてもナショナリストでした」という（『朝日新聞』、一九八六〈昭和六十一〉年十月十二日付）。大條正義は、宮沢と下宿生活をともにしている間に、宮沢が頭山満（戦前右翼の巨頭）や石原莞爾（陸軍中将、戦略家）の著作を読んでいたのをみている。そして宮沢の「八紘一宇的精神」にはいささか辟易した、という。宮沢の一面を物語っている。

もうひとつ、宮沢が「対談」したとき、おそらく柳川は司法大臣であった筈である。一学生が司法大臣と面会したときに、それを対等者の対等な面談、つまり「対談」と表現するところに、宮沢の真骨頂がある。宮沢はよほど頭をさげることの嫌いな性質であった。宮沢は、大満鉄に昂然と「物申す」、という姿勢である。宮沢のこの姿勢がさまざまな印象を人々に残している。工学部事務室でながく会計係を勤めた北大職員、村田豊雄（戦後早くに北大職組委員長）は、その四十年に及ぶ勤務を終えたのちに、随想集『白亜館の人たち』（一九六九年刊）を著したが、その中に次の記載がある。「宮沢君は東京の中流以上の家庭の出という事で、北工会の委員などもしたことがあったので私も知っていた。よく事務室に現れる方で、実習依頼や推薦状発出の事などに強引な頼み方をするということで、教務では良く言ってないようだったが、とにかく立派な学生であった」（傍点、上田）。

軍事訓練への参加

戦時中は、陸海軍ともに、軍事思想や軍事技術の普及のために講習会を主催して、一般国民の参加を求めた。とくに近い将来、軍務に服することが予定されていた学生に対しては、学生向きの講習会を用意し、学生たちはそれへの出席が奨励されていた。宮沢の知識欲は軍事にも及んでおり、一九三九（昭和十四）年十月には海軍の主催する軍事講習会を受講したが、一九四一（昭和十六）年三月二十六日から四月八日まで、千葉県習志野にあった陸軍戦車学校での合宿訓練に参加した。宮沢はこの訓練の経験について、この年六月十日付の『北大新聞』に「戦車を習ふ」という報告を寄せている。次にその一部を引用しておく。

「三月二十六日から四月八日迄の間に一日休暇があっただけで、毎日朝八時半から夕方四時まで日曜も休まずにかなり辛い訓練であった。その間、日課の大部分は、兵技将校から各種の講義と

習志野の陸軍戦車学校の訓練参加の記念写真。前から２列目、左から３人目が宮沢（1941 年）

中隊長級の人から方々の実践談を聞くのと、実地に戦車を分解し、機関を修理掃除することとであった。

ここで一番心を打たれたのは、飛行隊に於けるのと同じ様な整備隊の苦労で、飛行機の地上整備員は殆ど常に基地に待機してゐるのだからまだよいが、戦車隊のは常に最前線に近い処で、しかも不足な工具でとてつもなく大きいものを取扱ふのだから一層大変であらう。整備員によると戦車は極端に無理した車だからすぐ故障ばかり惹き起すとて、『スパーナーと兵隊』とでもいふ漫談じみた苦心談を何回となく聞いたが、中隊長によると、戦車はよく出来たもので、対戦車砲で真向からぶちこまれぬ限り滅多に故障する物でないとのこと、整備員は何時も使用済みで故障の起きた、又は起きかかっている戦車ばかり見ているし、他方、前線で活躍した中隊には常に最良条件の戦車が配給されたのだらうから、どちらも本当のことを云ったのであらう。然し兎も角両方の言ひ分を聞いて人間とは面白いものだとつくづく感じた。

独逸《ドイツ》の軍事使節にも見せないといふ某型の軽戦車と中戦車とを一台宛、三十人が二組に分かれて分解を始めた。大きさが違ふから厳密な比較は出来ぬまでも、自然と僕達は対抗的に仲よく張り合ひ始めた。教官は如何にも軍人らしく、くどくどと教へないから僕達がいろいろと自分で考へて仕事をせねばならなかったが、その代りどうしても分らなかった事は、実に親切に教へて呉れた。簡潔で徹底的。この点では軍隊式の良さがとても嬉しかった。

後期には余り寒い日はなかったが、前期の連中の話によると、部分品をガソリンの中へどぶりとつけて掃除をすると、涙が出る程の日もあったとのこと。また弁のすり合はせを完全にするのに、金剛砂などをつけて三時間もカタンコトン叩いてやっと出来上った時は、阿呆みたいな仕事だっただけに成就してその価値を知った時には、僕等、いはゆる要領の好い学生に見失はれているあるものを再発見したやうに感じた。規律万能の形式主義は勿論困るが、学生が知識を偏重する余り、平凡な労働の中に偉大な価値がある事を忘れる通弊を除去するには、行き過ぎない程度に軍隊式生活をさせるのもよいと思った。

『軍』なる字も『戦』なる字も『車』に関係があるが支那事変長期化の今日、戦車学校の付属工場の忙しさもまた格別であった。軍需工場総てにわたってさうだらうが、特に二週間も一緒にいて、ここの年若い戦工達が汗をたらして働くことと、豚のやうに寝ることとで毎日過してゆくのを見るにつけ、日本の社会福祉施設について相当考へざるを得なかった。

講義も一通り済んだ時、僕達は広い原に連れられ、戦車をあてがはれて、各自適宜に操縦せよと云はれたきり、教官はさっさと引込んで了った。おっかなびっくり僕達は互ひに相談し合ひ乍らいぢくり回し始めた。操縦して見れば自動車よりは案外簡単であったが、帯で体を腰掛に縛りつけ、頭に保護帽を被って運転する時、『快適』などと云ふ気持は全く縁のないものである。一度動き始めると息吹く鉄塊と云ふ感じで、人間らしい呑気さなどはてんで認められない。天性呑気な僕には耐へられない程頑固冷酷な鉄、鉄、鉄の世界だ。

丁度運よく、訓練期間中にタイ国全権のワンワイ殿下を歓迎して、習志野で戦車大遭遇戦の演習が挙行され、それに出席したが、広野の両端から数百の戦車が天地を轟かしながら縦横に砂塵と共に突進する時は、本当に地獄に居るやうな感じである。静寂な天地を一瞬に阿修羅場と化する戦争とは何と偉大な現実であらう。斯う考へざるを得なかった。出来るだけ容積を少なくして出来るだけ武器を多く載せる、乗組員などはどうでもよいので武器が第一である。こんな戦車に乗り込むと途端に学生らしさなど消し飛んでしまふ。兎も角、僕の操縦は大勢の中でも特に乱暴で、君の戦車は踊り狂ってゐると評されたものだ」（傍点、上田）

宮沢は、戦車を修理する整備兵と、整備された戦車を使う中隊長との戦車観の違いを指摘し、整備兵の労苦への共感をしめしている。「年若い戦工達」が、「社会福祉施設」もないままに、

「働くこと」と「寝ること」の毎日を過ごしていることにも心を痛めている。

しかし同時に、兵技将校たちの指導、訓練ぶりに対する「軍隊式の良さ」に対しても、好感を示している。宮沢は決して「反軍的」ではなかった。むしろ陸軍への好意を表明していた。そして、「平凡な労働」のもつ「偉大な価値」をも感得していた。戦車の演習をみて、「戦争とは何と偉大な現実であらう」と感嘆していることに、むしろ戦時下の学生のまともな受けとめ方をみる。この訓練は、大学の春休みの時期におこなわれているが、それにしても二週間に及んでいる。学生にとって貴重な春休みを、「起床六時」に始まり、「消燈二十一時三十分」に終わる厳重な日課と、「自由外出は認めず」（「春季訓練講習者心得」）などという軍隊式の拘束のもとで訓練にはげんだ宮沢は、軍事訓練が「好き」であった、と見られよう。それにこの「春季訓練」の「後期」に参加したのは、全国の大学高専の学生、生徒から選ばれた三十一名に過ぎなかった。

この訓練での見聞が、前々年の海軍の講習会での見聞を含めて、のちに「探知」、「漏泄」罪に問われることになる。

千島・樺太旅行

宮沢は、一九四一（昭和十六）年七月二日頃から十六日まで、逓信省の灯台監視船、羅州丸に便乗して、千島列島と樺太（現、サハリン）を旅行した。この旅行は、札幌逓信局長遠藤毅が斡

千島巡遊（1941年）。灯台監視船羅州丸船上で

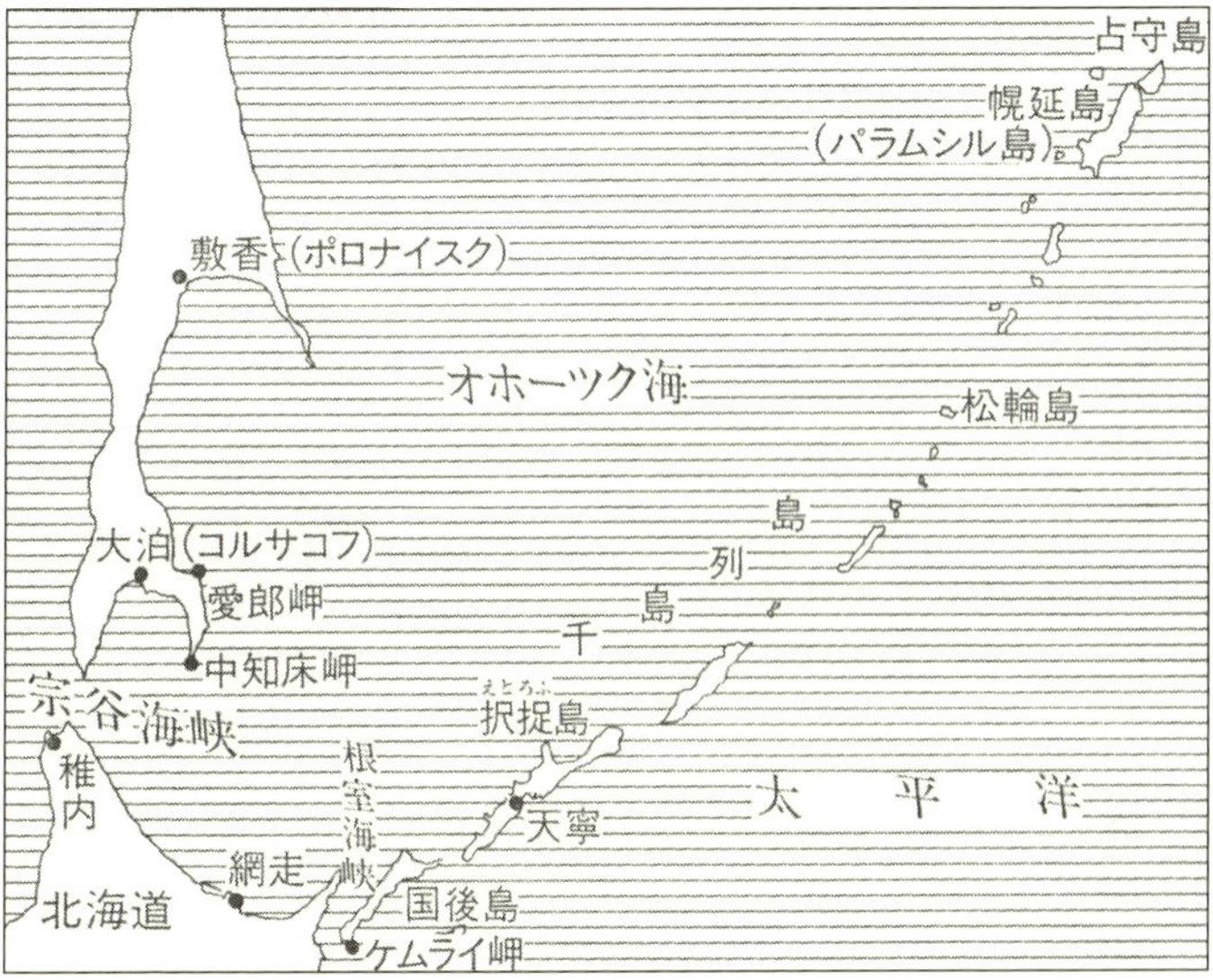

旋したものと見られる。父雄也の勤務する藤倉電線は、逓信省と深い関係をもっていたから、そのつてでこの旅行のチャンスに恵まれた。灯台で撮った三枚の写真が残されている。ケラムイ岬灯台、愛郎《あいろう》岬灯台、中知床《しれとこ》岬灯台である。地図で調べると、ケラムイ岬は国後《くなしり》島の南端で、北海道の野付《のつけ》岬と根室海峡を挟んで相対するところである。愛郎岬は樺太、南東部の中知床半島（現、トニノアニフスキー半島）の北端、中知床岬は中知床半島の南端に位置する。これらの写真の検討によって、この旅行に際して宮沢が樺太にも足をのばしていることが判った。羅州丸は千島列島の北端近く、幌莚《ほろむしろ》島（現、パラムシル島）まで北上したものとみられる。

海軍が千島列島に飛行場の建設を始めるのは、一九三五（昭和十）年頃である。そして幌莚島、松輪《まつわ》島、択捉《えとろふ》島天寧《てんねい》に飛行場が完成したのは、一九三八（昭和十三）頃であった（『北東方面陸軍作戦』（1））。陸軍が幌莚島に北千島要塞の建設にかかるのは、一九四〇年九月で、十一月に完了した。そして北千島要塞司令部がこの島の柏原に到着したのが十一月三日であった。そして、宮沢が千島旅行をしていた一九四一年七月十日に北千島要塞重砲兵隊、北千島要塞歩兵隊、北千島陸軍病院が編成され、九月に現地に到着した（『北東方面陸軍作戦』（1））。

このように、千島をめぐる軍事情勢は緊迫の度を強めていたが、しかし市民の立ち入りができなかったわけではない。北千島は軍がはいるより遥かに早く、漁業基地として開発されたところで、日魯漁業を主体として、占守《しむしゅ》島（現、シュムシュ島）に九ヵ所、幌莚島に十三ヵ所の漁業基地があり、盛漁期には二万人からの労働者が働いていた。『朝日新聞』は、この年七月十七日から扇谷特派員の「北千島新風土記」を八回にわたって連載していたし、『写真集・北大百年』には、この年の夏、北大理学部地質鉱物学教室の鈴木教授と学生たちが北千島調査にでかけた際に、占守島で撮った写真が掲載されている。

再び「満州」・中国へ

宮沢は一九四一（昭和十六）年の夏、千島、樺太旅行から帰ると再度の「満州」旅行にでかけ、さらに南に足をのばし、中国各地を見てまわった。この旅は一人であった。出発と帰国の日は分からない。出発は八月初め頃、帰国は八月末か九月初め頃とみられる。

この旅行では約六十枚の写真を残しているが、何時撮ったものかが不明である。ただ奉天の戸川医院の「十六年八月九日」の診察券が残されているので、このとき奉天にいたことは間違いない。ハルビン、奉天、北京、撫順、コロ島、天津、青島、南京、上海、杭州などを歴訪している。ハルビンでは、ロシア人の造った教会の写真が多い。ロシア人作家バイコフを訪ねている。またキタイスカヤ街に母方の祖父、松浦吉松が創った「松浦洋行」を訪ねている。その写真の説明として、「祖父松浦吉松、明治四二年露人購買層を目標に百貨店松浦洋行を創業す、昭和十二年資本金三十万円の株式会社に改組」と書いている。満鉄、鉄道総局ハルビン図書館で、『ソ連極東の電力資源』という満鉄の資料を借り出している（次ページ写真参照）。北京では、旧知の日本大

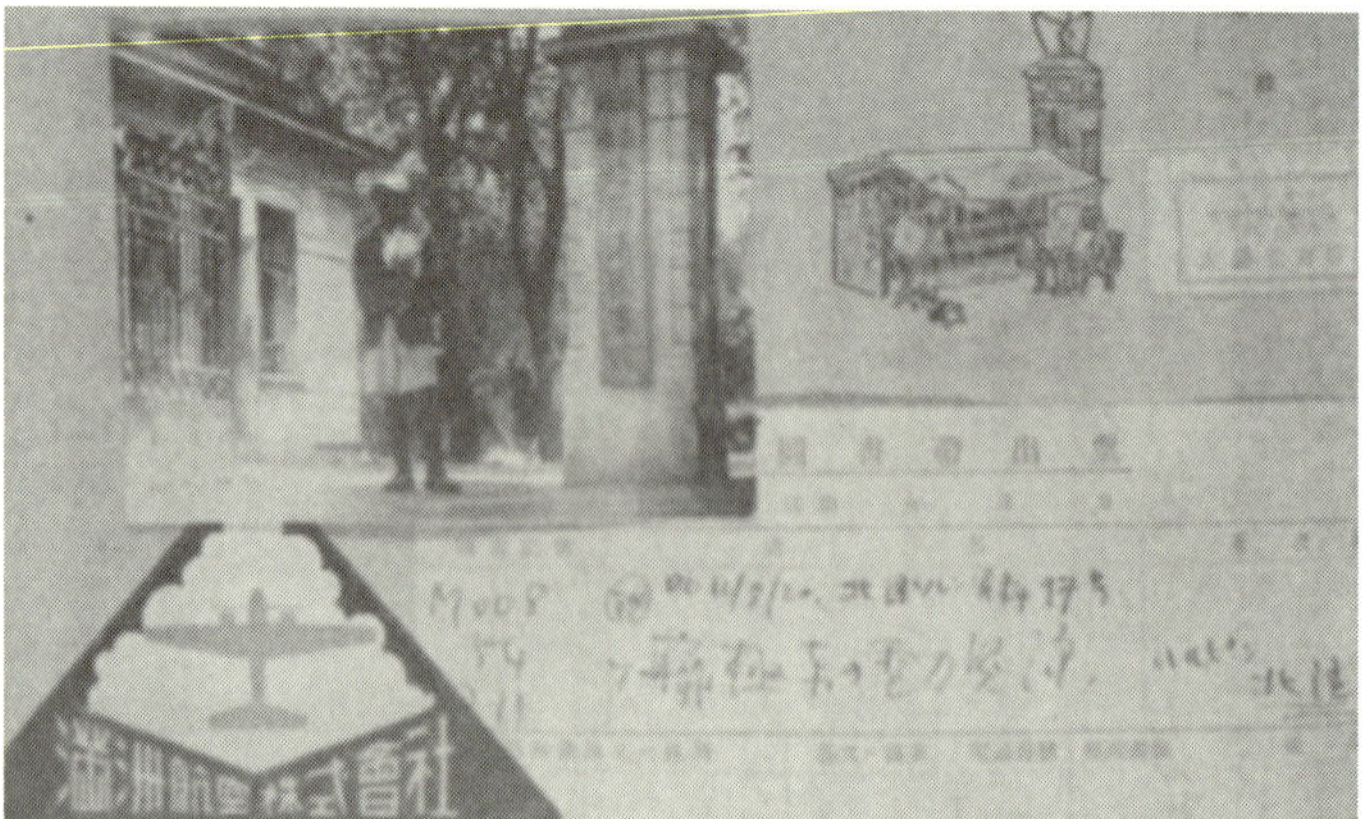

中国大陸旅行（1941 年)。〔上右〕ハルビンで。〔上左〕北京駅頭。〔下〕アルバムに貼られてある満鉄図書館からの借出し票など

使館外交官補、宇井儀一方を訪ね、一泊していった。宇井夫人、孝子によると「無銭旅行をしていいます」といっていたという。旅行中、満鉄、満州航空、華北交通、華中鉄道、開発電業、興亜院などを訪問していることがうかがわれる。

この旅行には、「なんでも見てやろう」という一般的な関心のほかに、前年の「満州」旅行で一層強く触発された「大陸一貫鉄道論」の構想を確かめ、検証したいというねらいがこめられていたと思われる。宮沢が論文「大陸一貫鉄道論」に自ら強い不満をもっていたことは、論文の筆致のなかにも充分に読みとれる。

しかし宮沢が再度の「満州」旅行を試みた一九四一（昭和十六）年夏は、「満州」の対ソ関係における軍事的緊張が、それまでになく高まっていた時期である。六月二十二日、ドイツ軍は雪崩をうってソ連領に侵入し、独ソ戦争が開始された。緒戦は明らかにドイツに有利に展開した。この新しい情勢の展開に直面して、日本の支配層の意見は割れた。一つは武力北進論、つまり対ソ参戦論である。二つは武力南進論、つまり対アメリカ、イギリスとの開戦論である。三つは南北準備陣論、つまり南北双方に対して開戦準備を整え、情勢次第でどちらかに進む、という論である。七月二日の御前会議は、「情勢の推移に伴う帝国国策要綱」を決定した。この決定は南進については、「……南北進出の態勢を強化す。帝国は本号目的達成のため対英米戦を辞せず」といい、北進については、「独ソ戦争の推移帝国の為め有利に進展せば、武力を行使して北方問題を解決し、北辺の安定を確保す」と述べていた。やや対アメリカ、イギリス戦の方に重点をおきながら、しかし情勢次第では対ソ戦を辞さないという二面作戦の決定であった。この方針に基づいて、七月二十八日にはフランス領インドシナ（ベトナム）南部への進駐が行われた。そして対ソ戦の準備としては、「関特演」（「関東軍特別演習」）の偽装の下に、「満州」に対する、日本陸軍始まって以来の大動員が行われた。関東軍の平時編成は三十五万人であったが、在「満州」、朝鮮の兵力、十六個師団、八十五万人に増強された。日本からぞくぞく兵馬と兵器の輸送が行われた。

しかしソ連の立ち直りは早く、ドイツに屈する気配はなかった。アメリカとイギリスは対ソ援助にふみきった。ヒットラーの、六週間以内にソ連を征服するという豪語の底は割れた。日本の参謀本部は、八月九日に年内の対ソ武力行使はない、という結論を出した。しかし、「関特演」による大動員の態勢は維持された。

宮沢が「満州」を再訪したときの「満州」情勢は、対ソ戦に向けて兵力が大増強されていた真っ最中であった。日「満」間の輸送機関があげて兵馬の輸送に集中していたこの時期に、よくも宮沢がひとり列車と船にもぐりこめたものだと思う。

対ソ作戦を当面断念した日本の軍部は、一挙に対アメリカ、イギリス戦争への道を進みはじめ、やがて、宮沢やレーン夫妻にとって運命の日となった十二月八日の開戦を迎えるのである。

宮沢はどこに歩み出ようとしていたか

北大時代に経験した四回の旅行と、発表した論稿からみて、宮沢が日本の植民地に強い関心をしめしていたことは明瞭である。もともと北大は内国植民地としての「北方の辺境」、北海道を開拓する人材養成のために設立された札幌農学校に始まったこともあって、北大と「満州」は、明治末期、大正期にさかのぼって、深い関係をもっていた。

満鉄が明治末期に「満州」農業の開発のために開設した農事試験場の運営や、そこでの研究にあたったのは、札幌農学校出身者たちであった。一九三二（昭和七）年三月、関東軍の主導のもとに「満州国」が「建国」されたときに、その「満州国政府」の官吏の最高の地位であった国務院総務長官に、北大卒業生、駒井徳三が就任したことは、「満州」と北大との関係を象徴していた。

「一九三二年満州国建国のころの農学校、農学部卒業者の在満者はおよそ七〇～八〇名と推定されている。その中には、満州国国務院総務長官駒井徳三や、関東軍交通監督部長大村卓一（のちの満鉄総裁）があったが、多くは農政、農業技術の分野で活躍していた」。その後も「農学部卒業者のうち毎年一〇～二〇名が満州に向かった」（『北大百年史・通説』）

北大と「満州」は遠く離れていたが、ともに北方農業開発の課題を担っていたものとして、北大は「満州国」建設に積極的に協力したのである。宮沢報告にもでてくるが、最初の旅行の時は、北大から高倉新一郎を指導教官とする調査隊が、そして再度の旅行のときは、荒又操を指導教官とする調査隊が「北満」に入っていた。宮沢の満州を見る眼が、軍国日本の「満州」政策の路線のうえにあったことは疑いがない。そして「大陸一貫鉄道論」が「大東亜共栄圏」の延長線のうえにあったことも同様である。

しかし、同時に、宮沢の論稿を一読して、宮沢が相当の眼識の持ち主であったことが分かるだろう。宮沢は、「五族協和」、「王道楽土」の「満州」という軍国日本の看板の虚偽性を確実に見破っている。

とりわけ「日満親善」の前に「日日親善」を説くあたりは、日本の「満州」支配のありように対する痛烈な批判である。また「王道楽土」の建設という「建国の理想」が、対ソ戦略にもとづく軍事的緊張のために、捨て去られている現実を見落とさない。「民族協和」論の部分には宮沢の民族問題に対する鋭い感覚を読みとることができる。とくにその「日本人」論には、さきにも一言したように、レーン夫妻やマライーニ夫妻との交際のなかで学んだものが生きている。

それればかりではない。「満人小学校」の「土牢のやうな薄暗さ」に、北海道アイヌの「陰惨な家」を連想し、日本人学校と見較べてそこに「厳然たる」「差別」を認め、天照大神が「満人」の「祖神に祭られてある」のを見て、「満州帝国は独立国に非ず」と断定する。民族差別と、「満州国」が日本の傀儡であることの確認は、実は日本帝国の「満州」政策の根本的批判に発展する

クラーク像の前で級友たちと。中央・宮沢（1939年）

芽を含んでいた。

また、対ソ軍事戦略の最前線の「北満」で、国境の向こう側のシベリアで進む農村電化を見習うべし、といってはばからない。「東西両隣国」の電化に後れをとってはならないという場合、宮沢はアメリカとソ連を念頭においていたのであろう。ここにも宮沢の視野の広さが現れている。これらは、この時代によく活字になりえた、と思わせる。「北大と満州」でも、先輩や教授たちに言いにくいことを言っている。

ともあれ宮沢は、最初の「満州」旅行で「混沌と焦慮の満州」をみた。これではならぬ、と考えた。その強い関心が翌年の「関特演」真っ最中の「満州」再訪につながっていった。そのことが自分自身の「危険」への接近であったことに、気がついていない。

なお宮沢がとりあげている問題について、北大総長をつとめた農政学者、高岡熊雄が一九三二（昭和七）年に「満蒙に移住する農民は直ちに彼の国に帰化し、先住民族と相親しみ相提携し互ひに信じて善良なる満州国民となって活動しなければならない」と説いていたことは興味があるが、もともと武力で奪った農地に入植し、関東軍の武力によって辛うじてその安全が守られていた日本の移民に、そのことが可能であったとはいえない（長岡新吉「北大における満蒙研究」、『北大百年史・通説』）。

宮沢の残した予科時代のアルバムには、北大構内のW・S・クラーク像の前で級友数名とともに写した写真がある。この像にはボーイズ・ビー・アンビシャスという有名な言葉が刻まれている。このビー・アンビシャスを日本語で「大志を抱け」と解するか、「野心を抱け」と解するか、その末尾に「この老人の如く」という修飾がついていたのか、という議論があり、ジョン・エム・マキ著、高久真一訳『W・S・クラーク　その栄光と挫折』は、「結局のところ、日本人学生と別れる際に彼が残した最後の言葉は、『青年よ、この老人の如く野心を持て』というのであったと考えるのが至当であろう」としている。「満州」に進出していった多くの北大人をつき動かしたものは、「野心」としてのアンビションであったのか。宮沢の「満州」への強い関心と「大陸一貫鉄道論」にも、単純ではないが、この「野心」を読みとることは優に可能である。

北大教授深瀬忠一は次のように書いている。

「クラークのボーイズ・ビー・アンビシャスは、その後一世紀にわたり、大局的にいって二つの方向に展開します。一つは、個人的出世、成功、行政、経済・技術の発展拡張、植民地・帝国主義的拡大の担い手としての野心的な活動を鼓舞する方向、他の一つは、良心に従い――とりわけキリスト教信仰により――正義と平和、わが国と世界のため、世間的毀誉褒貶・権力と富を全く度外視し、『一身を捧げ』るキリスト者として一生を全うしようと祈り励んだ、学者・教育者、技術者、産業家等でありました。クラークはこの両面を同時にもっていましたが、後者の精神（また、それによって前者を批判克服し発展に奉仕すること）がその真髄であり、その導きの光と力が聖書の真理から発することを強調する必要があると思います」（『北国の理想　クラーク精神の純化と展開』）

クラーク精神の純化と展開はまだ他にもあってよいように思うし、クラークまで遡及しなくても途中に新渡戸稲造や内村鑑三らの多くの分節点を考えるだけでも、そこから分かれる支流は石狩平野を潤す小川のように豊富になって、この国の現代史を培ったはずである。新渡戸の流れのなかに平野義太郎（一八九七～一九八〇年）をおもい、内村の流れのなかに矢内原忠雄（一八九三～一九六一年）を考えるだけでもその水量と分流の豊かさは測りしれないだろう。

宮沢弘幸はどのような道に歩み出そうとしていたのであろうか。やがて黒い壁が宮沢の進路を閉ざし、大輪の花を咲かせることを予感させながら、つぼみはほころびかけたままにおわる。

Ⅲ　日米開戦の朝

迫る危険

日米関係の緊迫化に応じて、レーン夫妻がアメリカに帰国する道を選ぶかどうかは、重大な選択であった。

たしかに帰国の勧告は、大使館からもしばしば受け取っていた。アメリカ大使館はすでに、一九四〇（昭和十五）年十月に在留アメリカ人に対して引き揚げを勧告し、一九四一年二月には、「アメリカ市民に告ぐ」という強力な引き揚げ勧告を行っていた。さらに七月には在留アメリカ人に個別の照会状を発して、早期帰国の意思の有無を照会した。十一月に入ると、「日本在留の米国民へ」という書状を出し、事実上の引き揚げ指令を発した。この文書は、「米国は日本より引揚をなすべしと曩《さき》に発したる勧告に対し、諸君の注意を促す。太平洋における船舶航行は目下既に困難なる状況にありて、将来、現在の船舶便を確保し得るや否やも保証し能はず、従って諸君は再び速かなる引揚に関し慎重なる考慮をなすを要す」としていた。

その結果、一月六十八名、二月八十一名、三月百三十五名、四月百三名、五月八十七名、六月三十五名、七月二十六名、八月五十名、十月三十二名の白人系アメリカ人が帰国していった。

東京総領事館が作成した「一九四一年七月一日現在に於ける在日米国人調査報告書」が『外事警察概況』昭和十六年に掲載されている。こういう文書が特高警察の手にあるということが、特高のスパイの活動を示しているが、これによると、この年一月一日現在、白人系アメリカ人は千三百二名であったが、これが七月一日現在、六百五十一名に半減した。

この六百五十一名のうち、宣教師、伝道教師は三百二十九名、政府官吏とその家族は八十六名、商社員六十七名、レーン夫妻を含む非伝道の教師は五十一名であった。この調査のあとも引き揚げが行なわれているから、十二月八日の開戦時の在留白人系アメリカ人は、約五百三十名で、これが一九四二（昭和十七）年末には、更に四百二十六名に減少した。

一九四一（昭和十六）年当時、レーン夫妻の六人の娘のうち、すでに上の二人はアメリカにおり、下の四人は両親とともに北大官舎に住んでいた。この年、レーン夫妻はすでに北星女学校の高年に達していた二人の娘、ジャネットとバージニアを故国に帰して、故国での教育を受けられるようにした。しかし夫妻は、日本に残った一家をあげてすぐに帰国しようとは考えなかった。たしかにこの年七月にはある日本の友人から、帰国する方が安全だという真剣な忠告を受けていたし、八月には、すぐ帰るように、という電報がポーリンの兄、ポール・ローランド（一九一四〜

双児の娘とレーン夫妻（1939 年ごろ）

一九一七、北大予科英語教師）からきていた。しかしこれには、翌年七月に北大との契約が切れるまでは帰らない、という返電を打った。北大との契約は期間が二年で、一九四〇年（昭和十五）年七月に更新をしていた。もう一つは、ハロルドの父ヘンリー・レーンが八十三歳の高齢で病んでおり、翌年夏まではもたないだろう、という警告を医師から受けていたのである。到底この老人をつれて旅行することはできなかった。少なくとも、翌年夏までは札幌にいるほかはなかったのである。

レーン夫妻が早期の帰国にふみきらなかったのは、これらの事情の他に、レーンが逮捕されたあとで取調官に供述したように、日米関係の「悪化の事実は認識し居りたるも、斯く早く破局に到着すべしとは恩はざりし」（宮沢の上告趣意より）ということもあっただろう。それに開戦となれば、抑留、送還はありえても、よもや「スパイ容疑」

による重罰などは思いもよらなかった。ポーリンはのちに上告趣意でこの点を強調している。もし「スパイ」などをしていたのであれば、帰国の勧告にはやばやと応じて帰っていたであろう、なにもしていなかったから、平然として日常生活を営んでおられたのだ、というのである。この言い分はもっともである。

開戦を前にして、国民の防諜運動への動員は高まるばかりであった。宮沢の上告趣意に次の記載がある。

「戦争は罪悪なりと信じ、同胞相殺すことはいかなる場合にしても神の摂理に反すとして銃をとりてたつことをも忌避すといふレーン夫妻の人生観を知る被告人としては、学生主事或は憲兵より諜報者たるの疑ひありと告げられたることありといへども、到底信ずること能はず、寧ろ之を疑ふ者の余りにも色眼鏡にして神経過敏なるを笑ひおりたる次第」

すでにレーン夫妻と親しくする人たちに対して、夫妻は「諜報者」である、という官側からの告げ口が行われていた。

アール・マイナーは、前掲書『日本を映す小さな鏡』のなかで、次のように書いている。

「一九三〇年代の後半から一九四〇年代の前半にかけての日本は、外国人にとって決して住みいい所ではなかった。憲兵と特高警察が私の妻の家族を非常に注意深く監視していて、それでも妻の家族は何も隠すことがないのであるから、少しも恐れる必要はないと考えてきた。しかしその日本人の友達については心配せざるを得なくて、雇っている女中や（その女中が年頃になれば、妻の家族が心配をして嫁にやっていた)、尋ねてくる学生や、妻の家族の古くからの友人達は皆、監視され、たびたび訊問された。またそうなれば人間は神様ではないのであるから、そういう友人の何人かが外国人を常時取り巻いていた嫌疑の圏外に逃れる道を選んだのも不思議ではなかった。しかし他のものはどんなことにも堪えて、妻の家族に対しそれまでと同じ友情を示しつづけた。私はその頃、監視に当たっていた憲兵の何人かが妻の家族をおどかしにではなしに、元気づけようとして時々やって来たのを殊に日本的なことだと思っている」(傍点、上田)

ここで「雇っている女中」とは、さしづめ石上シゲのことだろう。「尋ねてくる学生」とは、宮沢たちのことだろう。「古くからの友人達」とは、渡辺勝平や丸山護のことであったろう。この際、誰が「嫌疑の圏外に逃れる道を選」び、誰が「同じ友情を示しつづけた」かは、問うところではない。大事なことは、憲兵や特高がレーン夫妻を中心に、夫妻と親しい日本人たちの人の輪を包囲して、不信と中傷を投げ込み、包囲の圧力を次第に強めていった点にある。

一九四一(昭和十六)年四月、内務省警保局外事課が編集した『防諜参考資料 防諜講演資料』という本には、次のような趣旨のことが書かれている。

戦争には武力戦と秘密戦の二種があり、秘密戦は、諜報、宣伝、謀略に対する戦争である。スパイは主として合法的組織のなかにおり、外国系の銀行、会社、商店、学校、教会のなかにいる。防諜の主体は国民であり、国民一人ひとりが防諜戦士である。外国崇拝、外国依存をやめて、「自主独立の日本」をつくることがその前提である。自由主義、個人主義を排して「真の日本人にたちかえる」ことが必要である。各部、課、室ごとに防諜責任者を決めて、防諜の徹底をはかる、などといったことが書かれている。次の指摘には、いささか驚く。「我が国内において合法的に事業を営んで居る各種の外国組織網こそ、恐るべきスパイの正体なのである」「宣教師が説教の間に、学校の教師が講義の間に、商人が取引の間に、いかに巧妙且つ猛烈に秘密攻撃をやって居るか、之れを知る我等は実に慄然として居るのである。諸君、軽々しく信ずることを止めよう」「現在の日本国民は、私共の眼から見れば、防諜を知らざるが故にとは言ひ乍ら、殆んど大部分外国スパイの手先であると断言して憚《はばか》らぬ程度なのである」

国民の「大部分外国スパイの手先であると断言」する政府とは、一体いかなる政府であったのかが問われなくてはなるまい。

ともあれ、外国人はスパイであり、日本人の「大部分」はその「手先」であるとする特高と憲兵の包囲網は、レーン夫妻とその友人たちの身辺に迫っていた。西五丁目の電車通りを隔てた商家の二階の一室は、特高のアジトとなって、ここから四軒の外人官舎の出入りは常時監視されるようになった。レーン家やヘッカー家に出入りする学生にも、特高の尾行がつくようになった。

しかし、レーン夫妻は「何も隠すことがないのであるから、少しも恐れる必要はない」と考えていた。学生たちもまた無警戒に過ごしていたことは、前記戦車学校の訓練に参加した際に、宮沢がその住所をマライーニ方として届け出ていたことにもうかがわれる。

マライーニは「スパイ」といわれたときの太黒マチルド夫人の軽妙な対応について書いている

（前掲書）。

「あるときバスのなかで、二人の男性が彼女をみて、『スパイじゃなかろうか？』と言った。マチルドはくるりと振りむきざま笑いながら言った。『私、スッパイじゃありません。アマイです！』」

「戦時特別措置」の準備

一九四一（昭和十六）年六月二十二日の独ソ開戦後の情勢のもとで、内務省警保局や憲兵隊などの治安当局は、日本の開戦の時にとるべき治安対策を決めていた。それは「戦時特別措置計画」と呼ばれ、その外事関係は次の通りであった（『外事警察概況』昭和十六年）。

「（一）事前準備

（イ）外国人名簿を各国毎に左の三種に分類整備し置くこと

（A）非常事態発生の際、検挙取調べを行ふべき者

（B）非常事態発生の際、退去せしむべき者

（C）その他の外国人

（ロ）外諜容疑邦人名簿を左の二種に分類整備し置くこと

（A）非常事態発生の際、検挙取調べを行ふべき者

（B）外謀活動に利用せらる、虞あるを以て、非常事態発生の際、警告をなし又は行動監視すべき者

（C）（略）

（ハ）（略）

（二）非常措置

（イ）事前準備中（イ）の（A）（B）及び（ロ）の（A）は、本省の指揮に依り一斉検挙を行ふこと

（ロ）事前準備中（イ）の（C）及び（ロ）の（B）に対しては、本省の指揮に依り夫々措置すること

（ハ）～（へ）（略）」

この計画の細目の関係部分は次の通りであった。

「（一）在本邦敵国公館及公館員に対する措置（略）

（二）敵国人に対する措置

非常事態発生の際、本邦内に在る敵国人に対しては左の区別により措置を講ずるものとす。

（イ）検挙すべき者

被疑者として検挙すべき外諜容疑充分なる者、右検挙は、平素の視察に依り予め

外諜容疑者名簿を整理し置き、本省の指示により一斉検挙を行ふこと

（ロ）抑留すべき者

（A）敵国の軍籍に在る者

（B）敵国人たる船員及び航空機の乗員又はその資格ある者

（C）敵国人中、十八歳以上、四十五歳迄の男子

（D）特殊技能者（無電技師、軍需工場の技師等）

（E）一斉検挙に至らざる外諜容疑者（略）

（三）第三国公館及公館員並に一般在留者の取扱（略）

（四）外諜容疑邦人に対する措置

（イ）外諜容疑充分なる者は検挙すること

（ロ）敵国又は敵国人と通謀し、又は公安を害する虞ある者は検束すること

（ハ）敵国人と平素緊密なる関係ありて、之に利用せらるる虞ある者に対しては、警告し又は行動を監視すること（略）

（五）敵国財産に対する応急措置（略）

（六）船舶に対する措置（略）」

この文書のように、「一斉検挙」の準備は進められていたのである。

検挙

一九四一（昭和十六）年の夏は、精力家の宮沢弘幸にとってもことのほか忙しい季節であった。七月には船に乗って樺太、千島の灯台を歴訪し、八月には「満州」、中国を旅行してまわり、さらには京都にマライーニ家を訪問した。札幌に帰って平常の学生生活に戻ったのは、九月もだいぶ涼しくなってからのことだった。

このころ日本は、一路太平洋戦争の開戦に向かって突き進んでいた。十月十八日には近衛内閣に代わって東條内閣が成立し、十一月五日の御前会議は、「対米英蘭戦争を決意し」「武力発動の時期を十二月初頭と定め」、日米交渉の期限を十二月一日とする、という「帝国国策遂行要領」を決めた。そして十二月一日、御前会議は遂に八日の開戦を決定した。そしてこの決定に先立ち、十一月二十六日、南千島、択捉島の単冠《ひとかつぷ》湾を出発した海軍機動部隊は南東に進路をとってハワイへ向かい、十二月二日、洋上で真珠湾攻撃の命令を受け取った。「ニイタカヤマノボレ 一二〇八」という暗号電がそれだった。

一九四一（昭和十六）年十二月八日、この日、札幌の街は小雪の舞う薄ら寒い朝を迎えた。宮沢は、円山公園の近くのアパートの一室で、いつもの通り目を覚ましたが、しかしなお布団のなかにあってぬくもりをたのしんでいた。枕もとのラジオのスイッチをいれると、午前七時の臨時ニュースは「大本営陸海軍部午前六時発表、帝国陸海軍は本八日未明西太平洋において米英軍と戦闘状態に入れり」と伝えた。宮沢はとびおきた。

まず彼の頭に浮かんだのは、ハロルド・レーン一家のことであった。日本はレーンの故国アメリカに対して開戦したのである。北大入学以来四年半、宮沢はレーンとは、師弟の関係をこえて、その家族の一員であるかのように、親しい交際を重ねて来た。英語を教えてもらった、というだけではない。宮沢はレーンの、なにごとにつけゆるぎのない誠実な生き方を尊敬し、レーン一家の愛情に満ちた家庭に親しんできた。レーン一家との関係で、開戦にともなう新しい事態をどううけとめたらよいのか。宮沢の頭のなかは、めまぐるしく回転した。

まずレーンさんに会うことだ。そして日本とアメリカが戦争を始めたとしても、自分のレーンさんに対する信義に変わりはないのを伝えることだ、そう思いたった宮沢は、簡単な朝食をすませて、アパートを出た。このとき、宮沢のアパートは私服の特高たちによって見張られていたはずである。そして、市内電車で北大の外人官舎に向かう宮沢のあとを、何人かの特高が尾行していったにちがいない。宮沢を検挙するために張り込んでいた特高たちは、開戦の朝、早々に行動を起こした宮沢がなにをしようとしているのかに強い関心を示した。

レーンの住む北大構内の外人官舎の周辺にも、木陰に隠れて、何人かの特高が目立たぬように張り込んでいた。宮沢がそのことに気がついたかどうかはわからない。ベルを押すと、女中の石上シゲが顔を出し、招じいれられた。応接間でレーン夫妻と会った。宮沢は少し興奮しながら、レーン夫妻に告げた。

「先程ラジオで日本がアメリカとイギリスに対して戦争を開始したことを知りました。しかし、戦争は国と国との間の出来事です。私とレーン先生の間の出来事ではありません。私は先生の一家に対する信義を固く守り続けますから、どうか信頼して下さい。戦争が始まって、先生一家の周辺にもなにか困難なことが起こるかも知れません。その際はどうか私に教えて下さい。私はその解決のために尽力します」

手短にこれだけのことをつげると、宮沢は席を立った。レーン夫妻はこもごも「有難う」といって、宮沢の手を握った。宮沢はいつにかわらぬレーン夫妻の穏やかな目つきに安心し、自分の興奮を恥ずかしく思った。

宮沢がレーン家を辞して外に出て、工学部の教室の方へ少し歩きかけた時である。木陰から屈強の男が現れて宮沢を呼びとめた。なにごとか、と身構えたとたんに数名の男たちが現れて、宮沢の両腕に手をかけて、逮捕した。男たちは特高だった。特高に連行されて宮沢の姿が見えなくなった頃、数名の特高はレーン家のベルを押した。そしてレーン夫妻と、女中の石上シゲの三人を検挙して札幌警察署に連行した。レーン家には八十三歳になるハロルド・レーンの父、ヘンリー・レーンと、十二歳の双子の姉妹、ドロテアとキャサリンが残された。そして、官舎の中はくまなく捜索された。宮沢のアパートもまた捜索された。この日の朝、レーン家の隣、ヘッカー家から歯科の治療に外出した当時の北大生、滝沢義郎は、特高に連行されるレーン夫妻の姿を目撃して心を痛めた。午後、官憲は工学部事務室にも踏み込んだ（村田豊雄、前掲書）。

『北大百年史・部局史』は、この開戦の日の工学部の様子について、「この日、札幌は薄ら寒く雪のある日であったが、工学部では普段と少しも変わらず授業が行われた」と書いている。この記述は普段と異なり、一人の電気工学科の学生が特高に検挙されて、講義に出席することができなかった、ということを見落としている点で正確ではない。しかしその検挙は秘密のうちに誰にも知らされることなく行われ、従ってまた学友の注意を惹くこともなかったので、授業は普段と少しも変わらずに行われた、という点で正確な記述であったといえよう。宮沢弘幸は神隠しにあったように、日米開戦の日の朝に、学友たちの前から姿を消したのである。親友松本照男らは、自分もまた検挙されるのではないか、という危険を感じて、「薄氷を踏むおもい」で日々を過ごした。そして、そのことを決して口に出すことはなかった。講義や実験への出席はよい方ではなかった宮沢が姿を消したことに、多くの同級生は関心をしめさなかった。宮沢の受難を知った人たちは、沈黙をまもった。こうして宮沢を襲った災厄は、人々の話題になることなく、ながい年月を過ごすことになった。

　この日、今裕学長は講堂に集まった学生に「矢は遂に弦を離れたのであります。……いかなる困難に遭遇致しましても必ずこの戦いには勝たねばなりません。諸子の血液のなかには何れも三千年来養い来たった日本人の血潮が流れている筈であります。今こそこの若き熱血を白熱化せしめねばならぬ秋であります」（『北大百年史・通史』。傍点、上田）と訓示した。「血液」といったところに、彼が医学者であったことの証明をみるべきであったか。このとき、宮沢はもうひとつ「白熱化」した特高の取り調べと相対していたのである。

翌十二月九日の『北海タイムス』は、八日午前十一時四十五分に発せられた宣戦の詔勅を一面トップに掲げ、ハワイ、マレーでの戦果をこれに続けた。三面には、「スパイ網一挙に覆滅　きのふ払暁一斉検挙」という見出しの四段の記事を掲載した。記事の中身は「情報局発表」と「当局談」であって、検事の指揮のもとに、警察、憲兵当局が「敵国および敵性国関係の外諜被疑者」を一斉検挙したという抽象的なもので、誰がいかなる容疑で検挙されたかは、一切不明である。同日付けの『朝日新聞』は「外人スパイ一斉検挙」という見出しを掲げているが、宮沢は「外人スパイ」になったのであろうか。ともあれ、宮沢たちの受難は戦争とともに始まった。

この年に出された『外事警察概況』は「総説」で次のように書いている。

「本年中に於ける外事警察上の重要事案を挙ぐれば、十二月八日遂に暴戻米英に対する宣戦の大詔渙発せられ、帝国は国を挙げて前古未曾有の大戦争に邁進することとなり、外事警察は茲に重大なる戦時任務を担ひ最大の機能を発揮すべき時に際会したるを以て、予て樹立せる綿密周到なる計画に基き諸般の戦時措置を最も迅速且的確に実施したることとなり、即ち八日未明西太平洋に於て米英軍と交戦状態に入るや、機を逸せず、外諜容疑者の一斉検挙を断行し、……戦時下防諜の万全を期したり」

ここに「予て樹立せる綿密周到なる計画」とは、さきにみた「戦時特別措置計画」のことであった。

　この「計画」に基づいて、開戦の日の午前七時以降、全国の特高警察は内務省の指示によって「外諜容疑者」一斉検挙に乗り出し、百十一名を検挙した。この検挙はその後も引き続き、やがて百二十六名に達した。ほかに憲兵隊は、五十二名を検挙した。両者合わせて国籍別にみると、アメリカ人二十九名、イギリス人四十三名、カナダ人三名、オランダ人七名、フランス人十名、旧ロシア人三名、ポルトガル人三名、デンマーク人二名、ギリシア人一名、トルコ人一名、ポーランド人一名、ノルウェー人一名、ドイツ人一名、インド人三名、中国人二名、日本人六十一名、残りは不詳であった。職業は、商社員、ジャーナリスト、教師、銀行員、宣教師など多様であった（『外事警察概況』昭和十六年『同』昭和十七年）。

　一斉検挙はこれにとどまらない。開戦の翌日、十二月九日早朝には、特高は次のような「非常措置」をとった。「十二月八日対米英宣戦布告に伴う非常事態に即応するため、十二月九日早朝を期し、主要なる者に対し一斉に検挙検束の措置を断行せるが、被疑事件の検挙二一六（令状執行一五四）、予防検束一五〇、予防拘禁三〇（令状執行一三）計三九六名に達するの状況」（『特高月報』昭和十六年十二月分）であった。ほかに在日朝鮮人に対する「非常措置」による検挙が百二十四名にのぼる。これらは前記の「外諜容疑者」の一斉検挙とは全く別である。

　このようにして、太平洋戦争は、真珠湾攻撃という侵略と、「思想事犯容疑者」の大量検挙という弾圧とによって、開始されたのであった。

「思想事犯」とは、「思想検察規範」（昭和十七年、司法大臣訓令）によれば、「左翼思想に関する事犯」「労働、農民及び水平運動に関する事犯」「民族主義に関する事犯」「宗教に関する事犯」「出版物及び言論に関する事犯」「防諜に関する事犯」などを広範にふくむもので、「防諜に関する事犯」は次のようなものであった。刑法第二編第三章の犯罪（外患の罪）、国防保安法違反の罪、国家総動員法第四四条違反の罪、軍機保護法違反の罪、軍用資源秘密保護法違反の罪、要塞地帯法違反の罪、陸軍輸送港域軍事取締法違反の罪、国境取締法違反の罪、通信関係法令違反の罪、船舶法違反の罪、航空法違反の罪、外国と通謀し又は外国に利益を与える目的を以て侵した犯罪、その他防諜上注意を要する法令違反の罪（『現代史資料・治安維持法』）。

北海道では

宮沢弘幸とレーン夫妻たちの検挙は、このように開戦と同時に強行された大規模な「戦時特別措置」の一環であり、とくにそのなかの「外諜容疑者一斉検挙」として行われたものであった。夫妻らは早くから「非常事態発生の際に検挙取調べを行ふべき者」の名簿に登載されていた。

北海道では、十二月八日に、宮沢、レーン夫妻とレーン一家の女中石上シゲのほかに、小樽高商教師のアメリカ人ダニエル・ブルック・マッキンノム、宣教師のカナダ人イーチェンヌ・ラポルト、北大工学部助手の渡辺勝平が検挙された。十二月二十七日に無職、黒岩喜久雄、会社員、丸山護。翌一九四二（昭和十七）年三月七日に大槻ユキが検挙された。この「戦時特別措置」で検挙されたのは合計十名にのぼった。

これらのうち、イーチェンヌ・ラポルト、石上シゲ、大槻ユキは嫌疑不十分として一九四二（昭和十七）年三月から四月にかけて釈放された。その他の者は同年四月に軍機保護法、陸軍刑法違反などの理由で起訴され、札幌地方裁判所で有罪判決を受けた。それは、次のとおりであった。

宮沢弘幸　一九四二（昭和十七）年十二月十六日、懲役十五年。上告。一九四三（昭和十八）年五月二十七日、大審院第一刑事部、上告棄却の判決。服役。

ハロルド・メシー・レーン　一九四二（昭和十七）年十二月十四日、懲役十五年。上告。一九四三（昭和十八）年六月十一日、大審院第三刑事部、上告棄却の判決。服役。同年夏、帰国。

ポーリン・ローランド・システア・レーン　一九四二（昭和十七）年十二月二十一日、懲役十二年。上告。一九四三（昭和十八）年五月五日、大審院第二刑事部、上告棄却の判決。服役。同年夏、帰国。

ダニエル・マッキンノム　一九四二（昭和十七）年八月二九日、公訴取消しにより、公訴棄却の決定。その頃、帰国。

渡辺勝平　一九四二（昭和十七）年十二月十八日、懲役二年、未決勾留三百日通算。十二月十九日上訴権放棄、確定。服役。

丸山　護　一九四二（昭和十七）年十二月十二日、懲役二年、未決勾留三百日通算。その頃、確定。服役。

黒岩喜久雄　一九四二（昭和十七）年十二月二十四日、懲役二年、執行猶予五年。その頃確定。

マッキンノムを除く六人の事件は、相互に関連していた。

一橋大学教授浜林正夫の父親、浜林生之助は、当時小樽高商の英文学の教授であった。同時に小樽高商に勤務する外人教師の世話役を務めていた。一九四二（昭和十七）年の夏、帰国のため公訴棄却の決定を受けて釈放されたマッキンノムは、帰国の挨拶のために浜林家を訪ねた。そして浜林家の玄関で、次のように述べて号泣したという。

「私は永く日本に住み、日本と日本人を愛し続けてきた。日米間に戦争が起こったので、アメリカに送還されることは覚悟していたが、しかしこの私に対してスパイの容疑をかけるとはなんということだ。それが残念でならない」

青年、浜林正夫はこの初老のアメリカ人が声をあげて泣くのを聞いて、心を痛めた。マッキンノムの罪状の一つには、彼が学生に対して「わが故郷について」という題で、英作文の課題を課したことが、軍機の探知、収集にあたるとされていた、という。なるほど多数の、全国各地からきている学生に故郷のことを書かせるならば、多少の全国事情を知ることになるだろう。しかし、それはたとえいくばくかの軍事の事情を含んでいたとしても、探知、収集とはいえまい。私は今年二月、日本科学者会議その他の主催する国家秘密法研究会に出席して、浜林正夫からこれらのことの教示を受けた。

捜索と尾行

一九四一（昭和十六）年十二月八日、開戦の日の朝、札幌の宮沢弘幸の身辺に起こった急変は、その日の夜のうちに、東京・代々木初台の宮沢家に知らされた。札幌から電話がかかってきたのである。この電話をかけてくれたのは、父雄也の友人、札幌逓信局長遠藤毅であったと思われる。遠藤が弘幸の逮捕をどのようにして知ったかはわからない。母とくはとるものもとりあえず、その夜のうちに夜行で札幌に発った。このときから、母とくの北海道通いがはじまった。父雄也も仕事の都合で数日遅れたが、同じく札幌に発った。

しばらくして、両親がまだ札幌から帰ってこないうちに、数名の私服警官が弟晃、妹美江子が留守をしている代々木初台の宮沢家に踏み込んだ。土足のまま家にあがり、天井をはがし、引き出しをひっくり返し、晃の愛好していたクラシックのレコードを割るなど、乱暴狼籍の限りをつくし、横文字の書籍・レコードの類はことごとく持ち去った。黒い影の台風が家のなかを吹き抜けたように荒し回った。このとき、晃と美江子ははじめて警察への憤りと恐怖を感じた。晃は慶応大学一年生、美江子は女学校三年生であった。

その後、晃は大学の往復の途次に誰かに尾行されていることを知って、美江子にも注意するように伝えた。ある日の放課後、美江子は学友四人と連れだって神田の刺繍糸の店に入り、賑やかに談笑しながら買い物をしているときに、黒い背広をきた男がはいってきて、美江子たちに気を使っているように思われた。なにか嫌な感じがした。店を出てスズラン通りのあんみつ屋に入った。あんみつを食べて店を出ると、さっきの黒い服の男が彼女たちが店から出てくるのを待っていたように、電柱の陰に立っているのが目に入った。美江子は尾行を直感して、足のすくむ思いがした。その後、登校のときに小田急の駅までいって、パスを忘れてきたことに気がついて、小走りで家にとってかえし、パスを手に家を飛び出したら、駅の方から宮沢家に向かって走ってきた男と家の前で鉢合わせした。このときも美江子は尾行されていたことを知った。「なぜ私は尾行されなければならないのか」、美江子に思い当たることはなく、ただ不気味な恐怖を感じた。

「なぜつかまったのか」

両親の宮沢雄也・とくは、札幌の時計台の前、丸物旅館に泊まって、各方面に逮捕の理由と事件の見通しを尋ねまわったが、どこも口を閉ざして答えてくれなかった。ことは軍機にかかわる。誰も教えてくれる人はいなかった。これは、最後まで変わらなかった。弁護人でさえも事件の内容を説明することは許されていなかった。だから宮沢夫妻は息子に対する嫌疑の内容を知らなかった。一審判決の内容についても同様であった。面会は許されなかった。母とくは取り調べのために札幌・大通拘置所（大通西十四丁目、いまは第二電電ビル）を出入りする弘幸の姿を一目見ようとして、門前の差し入れ屋の軒先に立つことが多かった。斎藤弁護士はその母親の姿をみて、心を痛めた。

電気工学科の親友、小沢保知は、大学の配属将校から、宮沢が大通拘置所に拘禁されていることを知らされた。小沢はその妹の編んでくれた青い厚手の靴下と、無難な本として岩波文庫の古事記かなにかを差し入れた。母とくは、京都にいたマライーニを訪ねて、弘幸の嫌疑について思い当たることはないかと尋ねたが、マライーニも答えようがなかった。このときマライーニは、一緒に山登りを楽しんだときの寝袋を贈り、母とくに差し入れを託したが、これは弘幸の手もとには達しなかっただろう。思いあぐねた宮沢の両親は、北大の今裕総長を自宅に訪ねて、大学側から当局に事情を聞いて貰うことを依頼したが、今総長はそれを断った。このことは、その後ながく宮沢夫妻の北大に対する気持ちを傷つけた。レーン夫妻とのことは、もとは北大での師弟の関係に発したものであり、千島旅行も北大の推薦があったから実現した。満鉄論文の入選と、「満州」旅行は、北大にとっても栄誉あることであったろう。それなのに、ひとたび検挙されて窮地に立たされたとき、北大は冷淡であった。宮沢夫妻はそのことにこだわりつづけた。このことは、戦後、宮沢弘幸が北大への復学を考えなかったこととも関係がある。

Ⅳ　復元された判決

一審判決の復元作業

一九四二（昭和十七）年十二月、暮れも押し迫ってから、札幌地裁刑事部は十二月十二日の丸山護に始まって、ハロルド・レーン、宮沢弘幸、渡辺勝平、ポーリン・レーン、黒岩喜久雄の順で一連の判決を次々に言い渡していった。最後の黒岩の判決は十二月二十四日であった。おそらく札幌地裁刑事部にとって、この判決言い渡しがこの年最後の法廷となっただろう。

この頃札幌地裁刑事部は、菅原二郎、高橋勝好、松本重美、宮崎梧一の四人の裁判官によって構成されていた。部長は菅原で、菅原が裁判長になって、他の三人の裁判官のうち二人が菅原のもとに陪席となって、合議体を構成していた。宮崎は新任の裁判官として、この年秋に初めての任地、札幌に赴任してきたばかりであった。裁判官たちは、皆官舎住まいで、近所に集まって暮らしていた。

宮沢たちの判決をしたのは、菅原、松本、宮崎の三人であったと推定される。渡辺と丸山の判決書はこの三人が署名しており、これらの事件はすべてレーン夫妻を中心にして関連しており、共通の証拠が多かったであろうから、他の人たちの判決もこれら三人の手になるものと思われる。検察官は向江菊松（のちの璋悦）であった。

ところで裁判官の宮崎梧一は戦後は官途につかず、弁護士として過ごしていたが、一九八〇（昭和五十五）年五月に最高裁判事になり、一九八四（昭和五十九）年五月まで在官して、再度弁護士になった。私と藤原弁護士は、一九八七（昭和六十二）年三月一日、虎の門の法律事務所に宮崎を訪ねて、この時の事情について話を聞いた。宮崎は北大の英語教師の事件に関与したことは覚えていたが、北大生の軍機保護法違反事件に関与したことは、全く記憶になかった。欄外に宮崎の認印が押してあって、宮崎が主任として起草したことのわかる丸山の判決書のコピーを手にして、「これが私の起案した判決か、という感じです」と述べた。

宮沢弘幸に対する上告審判決は長文であるが、上告審判決の常として、その大部分は弁護人鈴木義男、斎藤忠雄の上告趣意の引用である。上告趣意は全部で八点にわたる。その第一点に対する大審院の判断は、その内容の当否は別として、相応の長さの叙述となっているが、その他の七点に対する判断は、簡単な結論を示すだけのものにすぎない。

しかし、上告趣意の引用の部分は、一審判決の「理由」をある程度推定させるに足る。そこで『大審院刑事判例集』に引用されている一審判決の一部はそのまま一重括弧で紹介し、上告趣意から推定される部分は二重括弧で閉じて紹介することにする。どうにも分からない部分は不明とした。『判例集』のなかの伏字については可能の限り推定される字におきかえ、その部分には傍線を引いた。消去された一審判決の理由の復元作業の試みである。人々の苦難の歴史がかくも早く消去されたのであるならば、そしてこの国が、なんのけじめをつけることもなく、それをやったのであるならば、判決の復元作業もまた許されてよい（傍点、上田）。

「理由　被告人は昭和十二年三月、東京府立第六中学校を卒業して北海道帝国大学予科工類に入学し、現在大学工学部電気工学科に在学中のものなるが、予科入学後間もなく、孰《いず》れも米国人にして同大学予科英語教師たりしハロルド・メシー・レーン及びその妻、ポーリン・ローランド・システア・レーンと相識り、毎週金曜日同夫妻の開催する英語個人教授会に出席して英語会話の教授を受けたることありて以来、同夫妻に心酔して親交を重ぬるに及び、漸次その感化を受け極端なる個人自由主義思想及反戦思想を抱懐するに至り、遂に我が国体に対する疑惑乃至軍備軽視の念を生ずるに至る処、右レーン夫妻が旅行談を愛好し、就中軍事施設等に関する我が国の国家的機密事項に亙る談話に興味を抱き居るを観取するや、

　第一、同夫妻の歓心を購はむが為、我が軍事上の秘密を探知して同夫妻に漏泄せしむることを企て」

『(一)、昭和十四年七月二十日より同年八月十日まで、樺太、大泊町において、海軍の油槽

施設の構築工事に従事した際に、自ら目撃して
（イ）大泊町付近に海軍の油槽設備が存在すること
（ロ）右油槽設備の数
（ハ）右油槽設備の貯蔵能力
などを探知し、
（二）、昭和十四年八月頃、樺太、敷香町付近を旅行した際に、自ら目撃して
（イ）上敷香に海軍飛行場が存在すること
（ロ）右海軍飛行場の付属施設として、電気通信施設が存在すること
などを探知し』
「（三）、昭和十六年七月二日頃より同月十六日頃迄の間、遠藤札幌逓信局長の斡旋により逓信省灯台監視船羅州丸に便乗し、樺太及千島列島方面に於ける各灯台を巡航したる際、羅州丸係員その他より聴取し、または自ら目撃して」
『（イ）宗谷の灯台に電気通信施設が存在すること
（ロ）～に～の貯蔵施設が存在すること
（ハ）幌莚島に陸軍部隊が駐屯していること
（ニ）松輪島に海軍飛行場が存在すること
（ホ）（不明）

（へ）（不明）』
「（ト）北海道根室町には海軍飛行場存在し、同飛行場の指揮には兵曹長が当り居る旨
　各軍事上の秘密を探知し、
　第二、札幌市北十一条西五丁目なる前記レーン方に於て
（一）、昭和十四年八月十九日頃、ポーリン・レーンに対し、同年十月上旬頃、レーン夫妻に対し、前掲第一の（一）の（イ）乃至（ハ）及（二）の（イ）（ロ）の事項を
（二）、昭和十六年七月中旬頃、同夫妻に対し、前掲第一の㈢の（イ）乃至（ト）の事項を
　各申告げ、以て右探知に係る軍事上の秘密を他人に漏泄し、」
『第三、前記レーン方において、レーン夫妻に対し
（一）、昭和十四年十月頃、海軍軍事思想普及講習会に参加した際に、たまたま海軍の爆雷の性能につき聞き知ったことを
（二）、昭和十六年三月二十六日より同年四月八日まで、陸軍戦車学校の訓練に参加した際に、たまたま、先づ飛行機を以て敵陣に打撃を与へ、次いで砲兵が敵の火力を沈黙せしめ、砲兵の掩護下にそれぞれの種類の戦車と歩兵とが肉弾戦を展開するは、日本陸軍の一般的戦術にして、経験上戦車は小型に重きをおく旨、聞き知ったことを
（三）、昭和十六年八月、満州、支那各地を旅行した際、たまたま
（イ）ソ満国境に、兵力、軍需品などが輸送されている旨、聞き知ったことを

（ロ）南京に中支郡派遣軍司令部が存在すること、上海に陸軍憲兵隊本部が存在することを目撃したことを

各申告げ、以て偶然の原由に因り知得した軍事上の秘密を他人に漏泄し』「たるものにして、右第一の各探知の所為及第二、第三の各漏泄の所為は夫々犯意継続に係るものなり」

以上がほぼ推定される一審判決の認定した事実である。罰条としては、「第一」の「探知」は軍機保護法第二条第一項の探知罪（六月以上十年以下の懲役）、「第二」の「漏泄」は同法第四条第一項の他人への漏泄罪（無期または二年以上の懲役）、「第三」の「漏泄」は同法第五条第一項の偶然知得の他人への漏泄罪（六月以上十年以下の懲役）であり、それぞれが連続犯で、これらが併合罪の関係にあった。

見当違いの「思想」認定

この一審判決をみて、まず注目されることは、宮沢弘幸が「極端なる個人自由主義思想及反戦思想を抱懐するに至り、遂に我が国体に対する疑惑乃至軍備軽視の念を生ずるに至る処」という認定である。裁判官は、軍機保護法違反の行為についての動機を認定したものだ、というかもしれないが、「我が国体に対する疑惑」を認定するに至っては、治安維持法違反の事件かと思わせ

る程である。宮沢の思想について、このような捉え方をして「国賊」視した点に、重刑の理由の最大のものがあるだろう。「我が国体に対する疑惑」と「軍備軽視の念」を「乃至」で結んだことにも、裁判官の理解の低調さを読みとることができる。これでは「我が国体」は「軍備重視」の「国体」、ということになるだろう。「国体」という概念は、治安維持法という実定法に使われていたのであるから、もう少し厳密な考え方を必要としよう。「極端なる個人自由主義思想」というのも聞いたことがない。「個人自由主義」などという「主義」がどこかにあったのか。個人主義、自由主義、反戦思想、国体への疑惑、軍備軽視などという多様な内容をもつものを、いっしょくたにして、ならべたてたのである。気にくわない「思想」をならべたてて、宮沢のものにした、という印象が強い。

何よりも、大事なのは、宮沢は判決文に示されたような思想の持ち主ではなかったということである。宮沢がレーン夫妻から人間的、人格的な影響を受けたことは事実であった。うちに自分の信条を持ち、このうえもなくそれに忠実だが、しかしそれを決して他人に押し付けることのない寛容、自分の生活と仕事を自分で律することの厳しさと、他人の欠点や失敗に対する温かい配慮、「穏健な常識に遵って形づくられた生活の規律」の尊重、「高遠な思想感情を日常卑近な事柄に確固と結びつける」生活態度など、人間としてのハロルド・レーンの美質は、宮沢に影響を与えないではいなかった。しかし、それと「国体に対する疑惑」とはすぐに結びつくものではない。そして宮沢の場合には、事実として結びついてはいない。

宮沢の戦車学校訓練体験記には、「反戦思想」のひとかけらもない。むしろ陸軍への好感が語られている。海軍の講習会を含めて軍関係の訓練に参加することは、誰かに命令されたものではなく、宮沢の自発の意思に基づく。当時の学生にとっても、誰もがこれらの軍関係の訓練に参加したのではない。どちらかといえば、「好きな」学生が参加したのである。「反戦思想」「軍備軽視の念」へ傾いた人は、参加しなかったはずだ。たしかに、宮沢は「満州」人に天照大神を祭らせているのを嫌忌して、「満州帝国は独立国に非ず」と喝破したが、しかしそのことと「国体に対する疑惑」とは同じではないのであって、その間にはまだ長い間隔がある。事実、宮沢は「臣道実践」さえ説いている。宮沢の胸の中には、いろんな考え方が混在し、まだ一つのものに固まってはいない。むしろ宮沢の場合は、一つにまとまることを自ら排斥していた傾きが強い。そのことは、例の「街頭の弁」にみられる。

宮沢の電気工学の「酒店」には、さまざまな「商品」が雑多に陳列されており、世界の各地の酒のほか、菓子までも売っていた。「さあさあ　諸君　買って呉れ給へ　何でもまかって　一山百文」であった。しかし当時の国家にとって、このような考え方が「危険思想」であったのかもしれない。

それにしても、宮沢が「極端なる個人自由主義思想」「我が国体に対する疑惑乃至軍備軽視の念」などというものと無縁であったことは、これまでもふれてきたように、事実として確認できる。

宮沢が判決の描くような思想の持ち主であった、という「自白」をした時期があったとするならば、それは拷問の産物である。拷問は、拷問する者の「思想」を刻印する「自白」を生みだすからである。

宮沢の探知、漏泄の動機として、「レーン夫妻が旅行談を愛好し、就中軍事施設等に関する我が国の国家的機密事項に亙る談話に興味を抱き居るを観取するや、同夫妻の歓心を購はむが為」というのも肯けない。これも拷問による自白に基づく認定であろう。

H・レーンはさきにみたように、第一次大戦の際の徴兵に良心的兵役拒否を貫き、代替業務に就いた人で、軍事への関心は持ち合わせず、政治と軍事からは遠く離れた位置に自らを置いていた。レーンとの間に長く親しい師弟の関係を持ち続けた朝比奈英三北大名誉教授は、次のようにいう。

「レーン夫妻の言動には、憲兵や特高の注目をひくようなことは一切なかった。あの頃在日した外国人のなかには、その種の言動をする人はありえたので、例えばドイツ人であれば、ヘッカーさんのような根っからの自由主義者は別として、枢軸側への賞賛を語るとか、或は日本の軍国主義的傾向を非難するとか、いろいろありえたのだが、レーンさんに限ってそのような言動はなかった。右だ、左だといった言葉はレーンさんの口からは出てこない。政治の動向、日米関係のことも語らない。国際交流を強めよう、などということも、レーンさん御自身からは一度も口にされたことはなかったのではないか。レーンさんはそういうことを『一番しない人』だった。それはキリスト教についてもいえることで、夫妻が学生に宗教の話をしたのは聞いたことがない。レーンさんはクェーカーとしての強い信仰をもっておられたろうが、それを表にだすことはしない人だった。なにごとにつけ、表にたつことをしない人であった」

このような人が、「軍事施設等に関する我が国の国家的機密事項に亙る談話に興味」を持っていたとは考えられないのである。まして宮沢が「同夫妻の歓心を購はむが為」に、軍機の探知、漏泄をしたなどとは信じ難い。「歓心を購はむが為」などということは、誇り高い宮沢のなすところではなく、むしろそのような関係を厳しく排斥するところに、両者の師弟関係が成立する精神的基礎があった。

おそらく、旅行談として宮沢がレーンに語ったことが軍機の漏泄とされたのである。特高にとっては、日本人学生がアメリカ人教師との間にそのような日常的な話題として軍事に関する見聞を語る、という関係をもつことが理解できない。そこになにか特別の「動機」をもってこなくては説明できないことであった。そこで特高は、「歓心を購はむが為」などという「動機」を作りだして宮沢に押し付け、さらにはそれが「歓心を購う」ことになる理由として、レーンが「国家的機密事項」に関心を示していた、という浅薄極まる作話を生み出したのである。

このようにして、「国体に対する疑惑」と「歓心を購う」という偽りの筋書が、拷問によって仕立てあげられた。

逆さ吊りの拷問

弁護人はその上告趣意において、次のように述べている。

「被告人は警察、検事廷に於ては軍事上の秘密たることを認識して探知し、伝説したる如く述べたる所あるも、公判に於て弁解する如く、そは強制に耐へかねて軍事上の秘密に非ざるものは一応之れを認むるも、事実の性質上当然無罪となりうべきものと信じたるが為めに、方便として迎合したるものなりといふにあり。そが真実なることは予審に於てはこの点を否認し居るに徴して明らかなり。予審に於て軍事上の秘密たることを疑ひを存して認めたるものは、上敷香飛行場の事実あるのみ」「被告人は警察、検事廷に於てはある程度迄これらの事実をレーン夫妻に語りたることを認めたるも、公判廷に於てはしかく詳細に語りたることなしと否認せる所なり」「被告人は警察、検事廷に於ては強制せられて恰も故意を以て軍事上の秘密を探知せんと企てたるが如く供述したれども、そは真意にあらず、又事実にあらずと公判に於て供述せるのみならず……」

これらの上告趣意から、次のことが推認される。宮沢は、特高警察官と検事に対しては、およそのことを自白したが、それは強制に耐えかねてそのように述べたのである、起訴されて予審判事の取り調べになってからは、上敷香の飛行場のことは或は軍事秘密であったかもしれないが、その他のことは秘密ではない、あるいは秘密であることは知らなかったと主張した。公判になってからも同様で、秘密であること、秘密の認識があったことを争い、またレーン夫妻に語ったことの詳密さを争い、また探知としての積極性はないと主張した。宮沢の法廷における態度は、なかなかに硬骨なものであったことがうかがわれる。宮沢の言い分は、「自分は誰かから頼まれて何かを調べようとしたことはない。秘密を探ったり、漏らしたりしたことはない。自分は国を愛することにおいて、誰にも負けない。自分はスパイではない」ということにあった。

ところで、強制による自白を主張するからには、いかなる強制が加えられたのかも明らかにしていたはずであるが、その内容はわからない。しかし、「国体に対する疑惑」の持ち主が「犯行」を否定するという「不逞」に対しては、拷問が加えられたとみなくてはなるまい。妹の美江子は、戦後になって釈放された宮沢から、「両足首を麻縄で縛られ、逆さに吊るされて殴られた、両手を後ろに縛られて、それに棒を差し込んで痛めつけられた」ことを聞いている。拷問から四年近くも経っていたが、そのとき宮沢の足首には、縄で縛られて皮膚が崩れた跡が残っていた。

宮沢の弁護人斎藤忠雄は、宮沢が札幌、夕張、江別の警察に回され、裸で「逆さ吊り」にされて竹刀でたたかれる、という拷問をうけたので、どこまでも否認していては体がもたないと思い、認めたほうがよい、さもないと殺される、と宮沢に勧めた、という（札幌弁護士会会報二〇七号、『朝日新聞』一九八一年十月十二日付）。

なお一審判決の第一、(三)、(ハ)、(ニ)、(ホ)、(ヘ)の事実、すなわち千島列島巡歴中に見聞した事実は、乗船中に羅州丸の客間で乗組員の松本松太郎から聞いたことで自分が探知したことではない、と主張し、ほかにも同様の主張をしていたようで、そのために松本をはじめ何人かの証人が出廷したが、これらの証人の大部分は、そのようなことを宮沢に語ったことはない、といって否定したようである。宮沢に語ったことを認めると、自分が軍機漏泄罪に問われること必定だから証人の立場は微妙である。宮沢が「松本から聞いた」と述べることは、松本の「犯罪」を告発していることになる。このあたりに、国家秘密法のやりきれない暗さがある。

軍機であったのか

判決理由「第一」、(一)、(イ)、(ロ)、(ハ)の樺太、大泊の油槽(注、石油タンク)についていうならば、宮沢はその構築に自ら労働したのである。労働を通じて油槽の存在と規模を知ったのである。それらを知らなくては労働することができなかった。労働生活の経験を語ることは、油槽について語ることであったろう。

また「第一」、(三)、(ト)についていうならば、リンドバーグが飛来した一九三一(昭和六)年以来、根室に海軍飛行場がある、ということは天下公知の事実であった。それがどうして軍機になるのであろうか。海軍の講習会や陸軍戦車学校の訓練に参加して、その講義で聞いたことは、軍の方で学生たちに知らせることを積極的に求めたことであったろう。秘密というのであれば、講義のなかで語ることはない。講義したことが秘密であるならば、当の講義をした将校がまず漏泄罪に問われなくてはならないはずであろう。ここに軍の矛盾がある。これらの一般国民の参加する講習会で軍機が語られることはないから、もしあったとすれば、それを語った軍人自身が軍機漏泄に問われなくてはならない仕儀となるはずである。講習会で教えられた事実は、軍自身がその事実が広く国民に知られることを期待しているわけだから、それを他人に語ることは、奨励されこそすれ、禁止される理由に乏しい。戦争をするためには、国民の軍事的動員が避けがたい。軍事的動員を行うためには、国民が軍事に親しみ、軍事的知識を持つことがのぞまれる。しかし、他方軍機の漏泄は禁止しなくてはならない。この二つの要求は両立しないのである。

弁護人は上告趣意でいう。

「判示第三の（一）の事実は我が海軍に使用する爆雷の性能に関するものなるところ、かくの如き事実は中学以上の科学的知識を有する者にありては常識に属するものにして、一般公刊の科学雑誌にも図面等を添へて掲載せられ居る所なり（現に掲載せられ居る『科学知識』等は別に提出すべし）」、また陸軍の戦術に関する第三の（二）の事実も「近時の陸軍にありては広く施用せられ居ること、之れまた常識にして、ひとり日本陸軍に限らず独逸陸軍も用ひつつあることは常に新聞紙上に瞥見する所なり、殊に久しく実戦を経験せざる場合と異なり、日支事変も既に久しきに亘り、日蘇（ソ連）もしばしば戦火の中に相見えたる結果として、我戦術は外国観戦武官、通信員等の知る所にして、右戦術は世界に公知のものとなりたりと云ふも過言にあらずして、被告人がレーンに伝説したる当時に在りてはもとより、何等軍事上の秘密にあらず」

また判決理由の「第三」、(三)、(ロ)について、中支那派遣軍司令部や憲兵隊本部などは、それぞれ大きな看板を出して、南京や上海に存在しており、旅行者の目に触れるものであったろう。それを秘密だといわれても、当惑するばかりである。たとえば東京・麻布に歩兵三連隊があり、六本木に歩兵一連隊があったことは、東京市民にとって公知のことで、朝夕ラッパを吹鳴しておきながら秘密といえたものでもなかろう。横須賀に軍港があり、木更津と館山と霞ヶ浦に海軍航空隊があったことも、国民の常識であった。

どこになにがある、ということが軍機にあたるかどうかについては、軍機保護法改正案の帝国議会の審議でも論議されていた。一九三七(昭和十二)年八月四日、衆議院軍機保護法改正法律案委員会で、名川侃市委員は質問している。「下関には砲台があると云ふことを言ふものもやはり是が軍事上の秘密として探知収集を許さぬと云ふ意味になるのでありますか」。岩畔《いわくろ》陸軍中佐は答弁する。「此位置と申すのは正確なる位置の意味でありまして、今仰しゃったやうなことは、茲に該当致しませぬ」。以下問答は続いている。名川「その正確と云ふ程度は、どの程度のものでございませうか」。岩畔「限界ははっきり申せませぬが、例へば、五万分の一の地図の程度、十万分の一の地図の程度で、山あり川あり、其れ等の関係がはっきりして居る、其の何処何処に要塞がある。斯う云ふことに大体なると思ひます」。名川「然らば宮島の山の上に砲台があると云ふ如きは、是は一つの軍事上の秘密と云ふことになるのですか」。岩畔「其程度は今の限界の問題でありますが、まだ其程度はならぬと考へております」

立法時のこの考え方によるならば、宮沢がレーン夫妻に語ったことは、到底軍事上の秘密とはいえない道理である。

弁護人は上告趣意で述べている。

「第三の（三）の（イ）は、被告人の満支旅行当時、ソ満国境に兵力、軍需品等輸送せられ居りたりと云ふ事実にして、その頃日蘇関係緊迫し、軍隊並に軍需品が其の方面に輸送せられ居りたることは我国に在りては半公知のことに属し、我国に滞在する外国人に於ても、被告人を待たずして感得し得たる所、其の兵数、軍需品の種類、数量等を明にするに非ざれば高度の秘密の漏泄を以て目すべからざるものと信ず」

宮沢はすでにその前年の見聞として、『北大新聞』掲載の旅行記に書いていた。

「東北満を含んだ東満は対ソの兵站庫であり、且つ満州重工業地帯の予定地であるだけに、幾多の重大な問題を持ってゐる。実をいへば、東満は当局者自身にも不可解な程急激な膨脹発展を日々にしてゐるのである。精密な数字や詳細な所感の公表は許されないが、東北満全体の軍備が相当なものであることは確かである」

宮沢も充分に心得ていたのである。

レーン夫妻は「他人」

軍機保護法は、漏泄の相手方を「他人」（第四条第一項、第五条第一項）と「外国若は外国の為に行動する者」（第四条第二項、第五条第二項）とに分けて、後者の場合を前者の場合より重く処罰することにしていた。宮沢の件についていえば、宮沢にとってレーン夫妻は「他人」であって、「外国若は外国の為に行動する者」ではなかった。

宮沢事件の上告趣意には、次の記載がある。

「レーンの供述により、レーンは被告人等より知得したる事実中のあるものを米国大使館付武官に伝説したるものの如きも、その供述に照すも好んで之を為したるものに非ずして、有益なる情報の提供を依頼せられたるとき甚だ不快に感じたりと云ふに徴しても、その素志に反することは明なり」「一種の義理合より大使館方面に伝説したるものの如く」。つまり、レーンの供述には、宮沢その他から聞いたことの一部を友人の大使館付武官に語った、という部分があり、弁護人はこの点に触れているのである。レーンは公判でこの警察、検事、予審判事への供述の任意性を争い、その上告趣意ではそれが「出鱈目《でたらめ》の供述」「虚偽の陳述」であったと主張しており、その点はのちに検討する。

しかし宮沢は危うかった、といわなければなるまい。レーンが「外国の為に行動する者」に仕立てあげられ、その依頼によって各地を旅行して軍機を探知してまわり、それをレーンに報告していた、とされたならば、宮沢の運命はどうなっていたか。

そして、特高警察の狙いはそこにあったのではないか。そのような筋書の「自白」を得ようとして、宮沢に対する激しい拷問が行われた疑いがある。しかし、宮沢はその点に関しては最後まで屈しなかった。ここに宮沢の獄中における激しい闘いがあった。そして、よりいっそう大規模な「スパイ事件」をでっちあげることに失敗したことの恨みを買うことになったのではなかろうか。

宮沢がレーン夫妻に語ったこと、それは単純な旅行談であった（A）。特高は、レーンがスパイで、宮沢はその協力者であったと考えた（C）。特高はCの筋書によるスパイ事件に仕立てあげようとし、宮沢はそれに抵抗してAを主張した。そして、結局は、外国通報ではない「他人」への漏泄が認定された（B）。大筋はおよそこんなところであったと思われる。

なおさきに一審判決を復元したときに、『大審院刑事判例集』がレーンの住所を伏字にしていたことを傍線をひいて指摘しておいた。どうしてレーンの官舎の所在を伏せなくてはならなかったのか、不明であるが、この事件が北海道の事件であることを秘匿しようとしたからではなかろうか。根室町を伏字にしたので、根室を連想させるかもしれない札幌も伏字にしたのだろう。原審裁判所が札幌地裁であり、北大生と北大教師の関わる事件であることを認定しておきながら、官舎の所在を伏字にしても、頭隠して尻隠さずの類である。しかし、当時の裁判所が秘密についてどんな感覚を持っていたかを示すものとして貴重である。この感覚からすると、宮沢がレーンに語った内容は、どんなにか恐ろしい国家秘密に見えたことであろうか。

軍機保護法関係の事件の一審判決に対しては、昭和十六年法律第四九号国防保安法により、控訴は許されず、上告することだけが認められた。宮沢は、大審院に上告した。

上告審で

上告審で弁護人鈴木義雄、同斎藤忠雄が連名で大審院に提出した上告趣意には、聞くべきことが多い。そのうち主な論旨に関する部分と、それに対応する判決を紹介しておく。

第一に、宮沢の行為は「探知」にあたらないという主張である。

「軍機保護法に所謂探知とは通常知り得べき事実の知得にあらずして、特殊の手段方法を講じて始めて知得領有することとなり。この事は学説判例の一致する所にして、軍機保護法制定に際しても衆議院の同法案審議委員会が特に『本法に於て保護する軍事上の秘密とは、不法の手段によるに非ざればこれを探知収集する事を得ざる高度の秘密なるを以て、政府は本法の適用に当りては、須《すべか》らく軍事上の秘密なることを知りてこれを侵害する者のみに適用すべし』なる附帯決議を附し、政府も之を承認したる事実に徴するも明なり。本件の如く偶然車中に乗り合せたる人が問はざるに語りたるを聞き居りたる結果、知得したるが如きは、決して探知といふべきに非ずして之を探知罪に問擬するは当らず」

探知というからには、なにか探知者の側に積極的な行為がなくてはならない。警察講習所昭和十七年十一月発行の『講話録特集防諜関係法令解説・東京地方裁判所検事井本台吉』によると、「探知」とは「知らうとする意思を以て探り知ることでありまして、偶然耳に入って来たと云ふのでは探知になりません。積極的に知らうとする意思で知ると云ふのを探知と云ふのであります」と解説している。

大審院の判決は次の通りであった。

「軍事上の秘密知得の為に為さるる一切の行為は、其の手段方法の如何を問はず、総て軍機保護法に所謂探知に該当するものと解するを相当とするが故に、探知をば秘密知得の手段方法自体不正なるものに限定せんとするは失当なり」

この判決は上告趣意に正しく答えていない。上告趣意は手段の不法、不正にも触れてはいるが、問題提起の中心は「偶然車中に乗り合せたる人が問はざるに語りたるを聞き居りたる結果、知得したるが如き」行為を探知といえるか、という点にある。この点について大審院は答えていない。「手段方法の如何を問はず」というのみである。

次に上告趣意は「漏泄」とは何かを問うている。「犯罪としての漏泄となる為には、其の存在、位置、内容に付て相当程度の正確さと詳密さとを以て伝説せられざるべからず」、そして根室飛行場の指揮者が兵曹長であったかどうかは、独立の秘密保護の対象とはなり得ないばかりか、レーン夫妻はそのことに全く関心がなく、聞いたかどうかも覚えていないのだから、「この点は、被告人が語りたるとするも相手方に通ぜざりし場合にして、漏泄と言ふは該らず」。実際、この点については、「被伝説者たるハロルド・レーンにせよ、ポーリン・レーンにせよ、何等意に留めたる形跡なきこと明にして、現にハロルド・レーンは『宮沢が同飛行場の指揮官は兵曹長だと云ったかどうかはよく覚えておりませんが、或は申したかも知れません』（同人予審第三回一七問の答記録四五丁）と云ふ程度にして、ポーリン・レーンに至りては、千島旅行の土産話を一括して『千島方面を守備して居る兵隊の中で一番偉い人の名や階級や飛行場の事も聞いたかも知れませんが覚へておりません』（同人の予審第三回二二問の答記録一三九丁裏）と云ふ程度」であった。聞かされた方のレーン夫妻の受けとめ方が、はなはだ漠然としている。

大審院はこれについて、次のように答えた。

「苟《いやしく》も軍事上の秘密を其の秘密の情を知りて他人に申告ぐるに於ては、直に秘密漏泄罪を成立すべく、その申告げたる秘密事項の正確又は詳密の程度如何は、該罪の成否に影響あるものに非ず」「相手方は判示秘密の漏泄を受けざりしものと云ふは、原判示に副《そ》はざる事実を主張するものにして、採るを得ず」

まことに紋切型な回答であった。

三番目の問題は、根室飛行場のことは公知の事実であって、秘密ではない、という主張であった。上告趣意はいう。

「其の飛行場の存在並に位置が既に屢々新聞雑誌書籍上等に於て宣伝せられ、国内に於ては公知のことに属し、又何等かの理由によりて外国に於ても公知の事実に属するが如き場合に在りては、今更これを秘密にせんとするも不能にして、伝説することによりて漏泄せらるべき秘密存在することなき筋合なり。又実際上も実害の増大を致すべき筈なし。

本事実に付て之を見るに、我が北海道根室町に帝国海軍飛行場の存在することは、今より約十年前、北米合衆国の飛行王と称せらるるリンドバーグ大佐がアリューシャン群島を経て我国に飛来し、根室に着陸したる時以来、我国新聞紙上に於ても北米合衆国並に全世界の報道機関に於ても一躍有名となり、公知の事実となりたることは蔽い難き所なり。更に昭和十五年、大阪毎日、東京日々新聞社の『日本号』の世界一周の飛行企図実施せらるるや、東京出発最初の着陸地点として根室飛行場選ばれたる為め当時の新聞雑誌上に再び喧伝せられ、再確認せられたる所なり」

「昭和十五年刊、大阪毎日新聞社、東京日々新聞社編『ニッポン世界一周大飛行』には、随所に根室飛行場の記事あり」「果して然らば、根室に海軍飛行場あるの事実は、公然性を有するものにして、最早や軍事上の秘密に非ず。之を伝説するも秘密を漏泄したるものと言ふべからず」

リンドバーグ夫妻の根室到着は、一九三一（昭和六）年八月二十四日のことであったが、新聞各紙はその半月も前から毎日のようにリンドバーグの記事をかかげていた。『朝日新聞』八月十三日付などは、「飛来近きリンドバーグ夫妻　二十世紀の英雄」という持ち上げ方であった。とくにカムチャッカ半島を飛び立ってから、天候の都合で千島列島の島づたいに着水しながら根室に近づいてくる経過は連日の紙面を飾っていた。世界の目が根室に集中したようなものであった。根室飛行場着水は大きな写真入りで報道されていた。

Ｈ・レーンも予審判事から「宮沢は根室の飛行場の話をしなかったか」ときかれて、「答、したかも知れませんが、よく記憶して居りません。然し私は同所に海軍飛行場の在る事を十年程前にリンドバーグが来たときから知って居りました」（予審第三回一七問の答添付記録四五丁）と答えている始末である。

大審院は次のように答えた。

「右軍事上の秘密は、法規若《も》しくは官報を以て公示せられ、或は海軍に於て公表せられざる限り、依然保持せられざるべからざる趣旨なること、同条第二項の規定により、是亦明白なるが故に、右飛行場に関する事項に付、前記公示或は公表の事実なき以上、縦令一部の者に於て之を知り居たりとするも、固より其の軍事上の秘密たることに何等の消長を来たすことなく、該秘密は軍機保護法により保護せらるるものたるは言を俟たざる所にして、右飛行場の存在が公知の事実なる旨の主張は記録に基かざる独自の見解にして之を卻《しりぞ》けざるべからず」

弁護人は量刑不当の主張にも力を入れている。

「学生青年たる被告人に十五年の懲役を科するは被告人を生ける儘《まま》葬るものにして、殆んど死の宣告に等しきものあり」「之を以て恰《あた》かも故意に国を売りたる者の如く観察し、極刑に近き制裁を以て臨むは酷に過ぐるものと云はざるべからず」「之を伝説したる相手方は外国人といふべく余りに日本に親しみ、日本にその全生涯を送り、日本と日本人とを愛すること同胞と異ならず、しかも誼《よし》みに於ては師弟たりし者にして之を警戒すべき外国人として見よと為すことは、不可能を期待するものなり」「之等の諸点を無視し、至重至高の秘密を敵国に漏泄したる場合に該る極刑に近き量刑を以てしたるは、到底刑の量定公正を得たるものと言ふべからず」「被告人の父母と弟妹とは皇国民中に在りても醇乎《じゅんこ》として醇たる人々にして、善良無比、被告人が本件に坐したるを見ては驚愕悲嘆、形容を絶し、その生理的生命も危からんとする有様なり。本件科刑は事実に於て九族に及ぶの観あり」

しかし大審院は、「犯情等諸般の事情を調査考按するに原審の科刑は甚しく不当なりと思料すべき顕著なる事由あるを認めず」とした。こうして宮沢の弁護人の主張はすべてしりぞけられた。

この一九四三（昭和十八）年五月二十七日の上告棄却の判決により、懲役十五年の一審判決は確定し、やがて宮沢は札幌の大通拘置所から網走刑務所に移された。

V　獄のうちそと

悲しい祝宴

一審判決と上告審判決を先に検討したが、次に獄のうちそとにくりひろげられた宮沢家とレーン家の人々の足どりを追い、あわせてレーン夫妻に対する裁判の経過をたどってみよう。

宮沢は一九四二（昭和十七）年三月二十五日に札幌地裁検事局に送局され、検事の取り調べを受けたあと、四月九日に起訴された。その後、予審判事の取り調べを受け、予審終結決定を経て公判が開かれることになった。公判はこの年秋に行われたが、しかし非公開で、傍聴は許されなかったものと推定される。当時の大日本帝国憲法によれば、「裁判の対審判決は之を公開す。但し安寧秩序又は風俗を害するの虞《おそれ》あるときは、法律に依り又は裁判所の決議を以て対審の公開を停むることを得」（第五十九条）となっており、宮沢の場合は「裁判所の決議」による公開停止になったのであろう。

求刑は無期刑であった。宮沢家では、無期であって死刑でなかったことを喜んで、その頃ひそかに祝宴をした。軍機保護法第四条第一項違反、つまり「他人」への漏泄で起訴されていたのであれば、死刑を求刑されることはなかった。しかし、第四条第二項、つまり「外国若は外国の為に行動する者」への漏泄で起訴されたのであれば、死刑の求刑もあり得た。判決が「他人」への漏泄と認定したことはすでにみた通りであるが、これが起訴の段階からそうであったのか、あるいは起訴の段階では「外国若は外国の為に行動する者」への漏泄とされていたが裁判所の認定によって「他人」への漏泄となったのかは、確認できない。いずれにしても、生きていればまた良い日もあろうという祝宴は、いかにも悲しい祝宴であった。

宮沢がスパイ容疑で逮捕されて裁判にかけられていることは、親戚も含めて誰にもいわなかった。宮沢親子四人だけの胸のなかに納められた。美江子の通う女学校に対しても、そのことはかたく秘められていた。美江子は母と、ときには父と、札幌に行って兄の救援にあたった。学校には一週間ほどの「家事の都合による」欠席願を出して旅立ったが、その頃の交通事情の悪化のために、帰京が二、三日遅れることがあった。教師は「ズル休み」ではないか、と問いただしたが、美江子は説明することはできず、ただ沈黙するばかりであった。懲罰として、校庭に立たされることがあっても、美江子は口を開かなかった。学友たちはそれをいぶかし気にみていた。家族四人の間では、弘幸のことが知人との間で話題になったときは、出征している、と答えることにしていた。どちらへ、ときかれて、父は大陸へと答え、母は南方へと答えて、くい違うこともあった。知人のなかには、戦争が始まってから宮沢家が急に疎遠になったことを不思議に思う人が多かった。母の残した手記のなかには、「親子で親類にも知らされぬ出来事でしたが、通し切った物と思って居ります。偏に主人の指揮がよくて、皆心を一つにしてやったからと、いつも感げきして思ゐ出します」と書かれている。

少し月日がさかのぼるが、宮沢が受難ののち、札幌・大通拘置所に勾留されていた頃、平取村二風谷の女性、黒田しづは上京した。戦時下切符の入手も困難になっていた頃のことである。東京の食糧事情の悪いことを察して、しづは小豆《あずき》などを持参して、東京・代々木初台の宮沢家を訪ねた。父雄也、母とくも、しづに好感を抱いていた。少女、美江子はしづに、「私のお姉さんになってくれない」とたずねたことがある。しづは宮沢家で手厚いもてなしを受け、その夜は宮沢家に一泊して北海道へ帰っていった。また父母が札幌に行ったときに、しづが札幌に出てきて宿を共にし、しづはその宿で弘幸に差し入れる丹前の襟を心をこめて縫ったことがある。そしていま、田中（旧姓黒田）しづは当時を回顧していうのだ。「宮沢さんのお母さんに、弘幸さんの嫁にきてくれませんか、といわれました。弘幸さんは心のやさしい温かい人でした」と。

網走で

一九四三（昭和十八）年六月、宮沢は網走刑務所の門をくぐった。太平洋戦争の戦況がかなり厳しいものになりつつあることは、獄中にあっても分かっていた。この年四月十八日に連合艦隊司令長官山本五十六大将が戦死して五月二十一日に発表されたことは、大通拘置所の看守が教えてくれた。そして五月三十日には、アリューシャン列島のアッツ島に進出していた守備隊が全滅したことが報ぜられた。この緊迫した戦時下に、オホーツク海に面する極寒の刑務所で、十五年の懲役を務めあげなければならないことを考えると、宮沢はほとんど絶望に近い気持ちを味わっていた。

宮沢家の人々もまた弘幸が地の果てに連れていかれたような寂寥感を覚えたが、しかしまたそのことが肉親の強いつながりを自覚させたのであった。

この頃の網走刑務所には約六百人が収容されていた。

網走刑務所の舎房は扇状に五つに分かれ、その要の部分に中央監視所があって、ここに立つと五つの舎房の長い廊下をいながらにして見渡すことができた。その左から四つ目の舎房が四舎房といって、ここだけが独居房で、他は雑居房であった。宮沢は、四舎房の独居房に入れられた。独居房は廊下の南側に四十ずつ、合わせて八十房、房の広さは約二・五畳であった。思想犯、政治犯の人たちが収容されたのは、皆この四舎房であった。ここの住人には構外作業は勿論のこと、構内の工場での作業も許されず、房内での軽作業が科せられた。つまり独居の住人には、他の雑居の住人と接触することは固く禁じられていた。一九四三（昭和十八）年七月、思想実務家会同で司法省行刑局の長部総務課長は、「思想犯の場合は転向しなければ監房から出しませぬ。塀の中の工場にもでられない。塀の中の工場に出て居るのは転向者だけです」、そして全受刑者約四万人のうち、二万人が構外に出て働き、残りの二万人が塀の中におり、うち一万五千人が構内の軍需作業にあたり、残りの五千人が思想犯の非転向者、病人、老人である、と述べている（『現代史資料・治安維持法』）。宮沢は思想犯の非転向者の扱いを受けた。

戦時下、食糧事情の逼迫は、当然のことながら刑務所のなかにも及んでいった。一九四一（昭和十六）年十二月からは、「収容者食料給与手続」が実施され、「夕食の増食」「作業奨励のための増食」「建築工事に就業する者の増食」が廃止された。

一九四三（昭和十八）年になると、収容者の食料を減らすように、という要求が農林省、大蔵省から出され、折衝が進められた結果、この年八月から「収容者食料給与規程」が施行されて、「収容者に給与する飯の熱量の四割はすべて代用食を以て補ひ、米麦としては最高四合五勺、最低二合三勺を給すること」とされた（昭和十八年七月九日付行刑局長依命通牒「収容者食料給与規程施行に関する件」）。それまでは、米四、麦六の割合で一日六合の主食が支給されていたが、全国の収容者に規定の量を確保することが困難となり、不足分を大豆で補充することになったのである。

北海道では、一九四〇（昭和十五）年七月から米の成人一日の配給量は、二合三勺（〇・四リットル）と定められていた。主食の給与に関する限りは、刑務所の収容者の方が多かったのである。然しすでに行刑局芥川信衛生官は、一九四一（昭和十六）年に書いていた。「収容者の食料なるものは主食と塩又は漬物のみといふ最低生活食に基準を置いて居る為、今日の物価騰貴の時代に於て、一日一人当の副食代は僅かに五銭二厘であり、一食の副食代は実に平均一銭七厘強である。したがって副食物に依る熱量は愈々減少するの状況である」「のみならず収容者は一般国民と異り、三度の食事以外に間食に依る熱量を絶対に摂取することを得ない境遇に置かれて居る者である。従って収容者の食物に対する考へは、一般国民に比して、より深刻、より痛切なのである。この事実は今日迄往々あった監獄暴動の真因が食事に胚胎して居らないもののないのを知れば知る程、了解せらるることと思はれる」

この主食の減少の影響は、全国的に栄養障害による獄死者の激増となって現れた。獄死した者は一九四一（昭和十六）年から増加しはじめ、この年、八六四名、死亡率二〇・〇（一日平均在監者に対する死者数の千分比）、一九四二年、一〇七一名、二四・四、一九四三年、一三〇五名、二七・五、一九四四年、三四四八名、五九・五、一九四五年、七四八一名、一三八・五という驚異的増加を示した。一九四五年は一般国民の死亡率、三〇・三の四・六倍となったのである。獄死者の病名は、一九四五年において、結核、一〇四一名、ビタミン欠乏症、九九九名、栄養障害による全身症、九八七名、胃腸病、八三七名、肺炎、四四八名であった。ビタミン欠乏症、下痢、腸炎、浮腫など栄養失調による病人が続出した（以上、『戦時行刑実録』矯正協会発行による）。

網走刑務所は農園で収穫される穀物、野菜類が多く、他の刑務所、とくに都会地のそれと比較すれば、食糧事情は良好であった。

それでも網走刑務所では一九四三（昭和十八）年に二十二名、一九四四年に十七名、一九四五年に二十七名の獄死者をだしていた。ゾルゲ事件で受刑していたユーゴスラビヤ人、B・ヴーケリッチは、ここで一九四五年一月十三日、獄死した。極寒の朝、栄養失調でたおれたのであった。宮沢はこのことをきいて、どう思ったであろうか。

レーン夫妻の獄内での処遇にも関わるので、ここで触れておくが、外国人の処遇については、開戦直後、昭和十六年十二月十九日行刑局長依命通牒「戦時収容に係る外国人の処遇に関する準則の件」が出されていた。これは直接には軍機保護法や国防保安法などによって拘禁された被疑者、被告人を対象にしたものであったが、受刑者についても「すべて右の準則にならったものと思われる」(『戦時行刑実録』)。これには、「当該外国人が敵国人たると否とを問はず、之が処遇に当りては、刑務官吏は須らく大国民たる襟度の下に厳正且つ公平を旨とすること」などということも書かれていたが、「衣類、布団、糧食及び飲料は原則として自弁せしむること」「糧食及び飲料を自弁すること能はざる者に対しては、適当量のパン、スープ等を給与し得ること」「寝台、椅子及びテーブルは成る可く使用せしむること」などという点に特色があった。しかし、長期に拘禁されてなお糧食を自弁できる外国人がありえたであろうか。

宮沢は網走で二度の冬を過ごした。十二月一日からストーブが入るが、四舎房は長い廊下に一つのストーブが置かれただけだから、房内に暖気はおよばなかった。しかも石炭不足で粉炭しか配給されず、火力は弱かった。房の壁は住人の呼気で濡れ、これが凍りついた。霧が流れこむと、壁の氷は厚くなった。工場内は人いきれと暖房で過ごしやすかったが、四舎房の独居房の寒さは格別であった。

一九六三（昭和三十八）年から一九六九（昭和四十四）年まで、白鳥事件による刑で六年間をここで過ごした村上国治は、その獄中日記（『網走獄中記』として公刊）に、冬の気温を克明に記録した。二月から三月にかけて、工場内で零下一〇度から零度の間ぐらい、外は零下二〇度前後である。工場内の温度がプラスになるのは四月にはいってからである。一九六八（昭和四十三）年一月二十九日の記述。

「ひきつづき冷えこむ。独房で朝、零下七度、検身場、零下七度、工場、零下十度、外、零下二十度（市内では零下二十三度という）」

宮沢が網走に入った年は、十一月五日に初雪が舞い、七日には降雪があって早くも気温は零下になった。年末から零下二〇度の日が続き、翌年一月五日には例年より早く流氷が訪れて海は結氷した。二月になると零下三〇度近い日が続き、異例の寒さであった。この寒さは三月になっても衰えをみせなかった。冬山で鍛えた宮沢であったが、この寒さはこたえた。流氷が完全に去ったのは五月四日であった。

宮沢は、かつて冬の十勝山嶺のなかで、雪に埋もれて「この寒さ未だ耐ふべし人の世の　より厳しきを離れ生くるに」と詠ったが、冬山よりも「人の世」の寒さに耐えることの方が遥かに厳しかったことを、あらためて思い知ったのであろう。この思いは辛いものだった。網走で初めて経験した敗北感。これが彼の心身を破壊したであろう。

四度の脱獄で知られた白鳥由栄が、四舎房、二四房を抜け出て、天井の採光窓のガラスを頭突きで破って三度目の脱獄に成功したのは、一九四四（昭和十九）年八月二十六日の夜であったが、宮沢はそのガラスの割れる音を聞いていただろう。白鳥のこのときの脱獄の動機は、前年来の網走の冬の寒気に対する恐怖であった、といわれる（吉村昭『破獄』）。それほどこの年の冬は寒かった。

母とくは、月一度の面会を欠かさなかった。月末に東京から網走に行き、数日滞在して当月と翌月の面会をした。片道、何十時間もかかる列車を乗りつぎ、海を渡って隔月に網走に通ったのである。妹の美江子も一度だけ網走に行ったことがある。面会というから話ができるのかと思ったが、ただその痩せ衰えた姿をみるだけのことであった。旅行は次第にできなくなった。私用の旅行には、切符が買えなくなっていたが、とくはその才覚で切符を手にいれた。父、雄也も何度か網走を訪ねている。

とくは書き残している。「私は代々木初台の愛国婦人部の副分区長として、出征の軍人の家族の見廻りやら見送りやら、これ又代々木警察とも密接な関係で、毎日を話の外いそがしく過ごし、その中を北海道網走へ面会に出かけて行きました」（「手記」）。とくは、弘幸受難のひけ目があって、表むきは人一倍「愛国婦人会」のことに精を出したのである。

一九四五（昭和二十）年にはいると、宮沢はすっかり体をこわして、病舎に入った。栄養障害に加えて、結核に感染したものと思われる。この頃の網走刑務所の嘱託医は、市内に藤田病院を営む外科医、藤田宗憲であった。

戦火のもとで

宮沢弘幸が網走刑務所に入った年、一九四三(昭和十八)年の十月二日、学生の兵役徴集延期が停止され、この年十二月に「学徒出陣」が行われた。十月二十一日、秋雨の降る肌寒い日、東京・明治神宮外苑の陸上競技場で、文部省主催の出陣学徒壮行会が開かれた。慶応大学経済学部に在学していた弘幸の弟、晃は、この壮行会で在学生代表として壮行の辞を述べることになっていた。晃は原稿を書き、これを、自宅のこたつの上に立って朗読して練習をしていた。

十月二十日付の『朝日新聞』は、この壮行会の予告記事をのせ、「東條首相は『学徒よ、心おきなく征け』と激励の訓示をなし、岡部文相はなむけの言葉についで、在学学徒代表、慶大経済学部一年宮沢晃君は高らかに壮行の辞を述べる」と書いていた。ところが直前になって晃は在学学徒代表からおろされたのである。十月二十一日の『朝日新聞』は、岡部文相に「次いで参列学徒代表慶大医学部学生奥井津二君が壮行の辞を述べれば、出陣学徒代表東大文学部江橋慎四郎君が元気一杯壇上に登り」と書いている。

現在、医師の奥井の教示によれば、たしかに壮行の辞を述べたのは自分であった。十月二十一日の数日前に、勤労動員先に大学の学生課から呼び出しがあり、出頭すると、壮行会で壮行の辞を述べるように、と言われ、原稿を書いて当日朗読をした。別の学生が予定されていたということは、全く知らない、という。いったん宮沢晃にきめてその旨を新聞発表したのちに、奥井と交替したが、その交替を新聞の方には連絡しなかったので、そのまま記事になったものと推定される。この交替の理由は、晃の兄が「スパイ」の罪で受刑中であることが分かった、ということ以外には考えられない。晃はこの屈辱を家人に語ることに耐えられなかったのであろう。家人は晃が壮行の辞をのべたものと信じてきた。

現に妹の美江子は、学友たちと一緒に白いブラウスをきて雨の神宮外苑、陸上競技場のスタンドにいた。そして、次兄晃が壮行の辞を述べたと信じ、周囲の学友たちから、いまどきの言葉でいえば「カッコいい」といってひやかされたことを記憶している。いま、私からことの真相を知らされた美江子は、それではあの日、晃兄さんはどこにいたのだろうか、と考える。そして晃兄さんの心情をおもってただひたすら悲しむ。

弟、晃は思う。いつも兄弘幸の受難のことをハンディ・キャップとして生きて、精一杯、軍国調に振る舞おうとしたときに、またしても兄弘幸の受難を理由にして、いわれのない差別を受けた。このことをどうして妹に語れるか。

私もこの日、神宮外苑のスタンドの片隅に立ち、出征する先輩を見送りながら、マントで雨をよけていたが、急に冷えこんで腹痛を覚え、途中でひとり会場をぬけだした。

翌一九四四（昭和十九）年、弟の宮沢晃は海軍予備学生を志願し、水戸、霞ヶ浦、千葉県五井、横須賀などを転々とし、海軍少尉となり、飛行機のパイロットになった。北九州の基地に勤務していた時に、長崎に原子爆弾が落とされ、その被害調査のために、海軍の調査グループを乗せて何回か長崎上空を飛行した。フードをあけて、全滅した長崎の街を写真に撮ったにちがいない。このとき放射能に被曝した。これがのちの不幸につながる。

父、宮沢雄也の勤務していた藤倉電線の工場は、一九四四（昭和十九）年四月、静岡県富士郡富士根村に移転した。王子製紙富士第二工場が機械設備の南方占領地域への移転で、遊休工場となったので、藤倉電線はこれを借り受けて富士工場とし、製造設備をここに移転した。この工場は後に防諜のため、護国一〇一一工場、護国一六工場などと名前を変えたが、雄也はこの工場の工場長となって単身で静岡に赴任していた。

宮沢家は、代々木初台から京橋区小田原町三の二（現、中央区）に転居していた。築地の海軍経理学校と道一つへだてた所であった。塀に沿って、若い経理学校の生徒たちの寮があり、みな空腹を訴えていた。母とくは、生徒たちが紐の先に袋をつけて下ろしてくると、これに握り飯を作って入れてあげた。母とくは、若者の世話をみることで、同じ年頃の弘幸へのおもいをまぎらわせているようであった。

大妻女子専門学校に進んでいた美江子は、一九四五（昭和二十）年三月に卒業した。この年三月九日夜、東京は大空襲を受けた。江東地域全域は炎上した。母とくと美江子は、小田原町で防空壕に入っていたが、隅田川の川向こうでは、大きな炎の柱が轟音をたてて天をついた。火が近づいてきて、新聞の字が読める位の明るさになり、いまの晴海通りは橋を渡って避難してきた川向こうの人たちで埋め尽くされた。隣組の組長が防空壕は危険になったから、壕を出て各人自分の責任で逃げよ、という。美江子は何故かミシンの頭を持ち、とくは位牌を持って築地本願寺の境内に逃げた。しかし境内は焼け出された人たちで一杯で、そこにいることはむしろ危険のように思われた。もはや逃げきれぬ、と観念したら、却って気持ちが落ち着いた。二人は手を引きながら、家に戻り、そこで死のうと思った。家に入ると、どういうわけか見知らぬ一家が入りこんでいる。おそらく焼け出された一家であろう。ここは私たちの家だから、悪いけれども出てくれ、というとその一家は黙って出ていった。火はついに隅田川をわたらなかった。やがて三月十日の朝が明けた。藤倉電線の深川工場は全焼した。周囲には次々と焼け跡が増えていった。

宮沢家は一家ばらばらのまま、死を待つかということになったので、とくと美江子は四月末に静岡県の父のもとに移り住むことにし、富士根村の社宅に入った。美江子は静岡県の富士見高等女学校（現、富士見高校）の教諭となって、働いた。

レーン家の受難

ところで、二人の幼い双生児の娘と、年老いた祖父とを残して検挙されたレーン家の方は、どうなったのだろう。

「戦争が始まると、この双児はその父方の祖父とともに札幌のカトリックの病院にいた親切な尼さん達に預けられて、それから間もなく祖父は病院で亡くなった」（マイナー『日本を映す小さな鏡』）

ここに書かれている病院とは、北十五条東三丁目にあるフランシスコ修道会の天使病院である。この頃は、戸田帯刀師が教区長で、北十一条教会を主宰していたが、戸田師はその翌年三月には反戦的言動の嫌疑で検挙され、数ヵ月間拘禁された。この受難の時期に、この教会と修道院と病院は、レーン家の祖父ヘンリー・レーンと十二歳の姉妹の世話をみたのであった。

この時期の札幌のキリスト者の受難について一言しておく。日本基督教団北海道教区長、北一条教会教師、小野村林蔵は、一九四三（昭和十八）年に北星高女の聖書科の授業で語ったことが「時局に関し人心を惑乱すべき事項を流布した」として、検挙、起訴され、一九四四年九月二十八日、札幌区裁から言論出版集会結社等臨時取締法違反で有罪判決を受けた。この判決は、一九四五年五月二十四日、札幌控訴院で破棄され、無罪となった。この弁護人の一人は、宮沢の弁護人と同じ斎藤忠雄弁護士だった（『札幌弁護士会百年史』）。

無教会派のキリスト者、浅見仙作は、聖書研究会での発言などが「国体を否定すべき事項を流布した」ものとして、一九四三（昭和十八）年七月に検挙、起訴されて、札幌地裁は治安維持法違反で懲役三年の判決を言い渡した。この判決はのちに、一九四五年六月十二日、大審院第三刑事部によって破棄され、無罪となった。この第三刑事部は、ハロルド・レーンに対して上告棄却したのと同じ、三宅正太郎を裁判長とする部であった（『現代史資料・治安維持法』）。

札幌ホーリネス教会の牧師、伊藤馨は、一九四三（昭和十八）年十月十五日、札幌地裁で、治安維持法違反などにより、懲役四年に処せられ、翌年二月二十四日、上告棄却によって確定し、受刑した。他に金子末逸、張田豊次郎、長沢義正、木村清松、椿真六などの牧師、司祭が受難した（『札幌とキリスト教』）。

ところで、ヘンリー・レーンは、一九四二（昭和十七）年一月十九日、天使病院で八十三歳の生涯を閉じた。最愛の息子夫婦は警察に囚われたまま、孫娘二人にみとられて、異国の地に果てた。二人の少女は、一層の寂しさと不安を感じたことであろう。彼女たちは、一人旅をするにはまだ幼な過ぎたが、修道女たちに励まされながら、この年六月四日に札幌を発って南下した。横浜のバンド・ホテルでしばらく滞在したあと、六月十七日交換船浅間丸に乗船し、同月二十五日に日米の交換地、南アフリカ・ポルトガル領ロレンソ・マルケス（現モザンビークのマプート）に向けて出港した。ジョセフ・グルー大使らアメリカの公館員たちと一緒であった。二人の姉妹は深い不安を感じながらも、必ずや両親と再会できることを小さな胸にかたく信じ続けていた。この確信が、祖父の死を見たあとで、両親が獄中にある札幌を離れ、地球を回って帰国する旅を支えた。

長い船旅だった。ロレンソ・マルケスで、二人の姉妹を含むグルー大使ら四百十六名は、日本の野村、来栖大使ら七百八十七名と交換され、野村らの乗ってきたスウェーデン船、グリップスホルム号に乗り換え、大西洋を渡って帰国した。この帰国を獄中のレーン夫妻が知らされたのは、娘たちが帰国した後のことだった。子供たちは、両親の知らぬ間に、インド洋と大西洋を渡った。

マイナーは書いている。

「私の妻の両親はたちまち逮捕されて、警察署から刑務所に移され、そこからまた、警察署に戻されて、また、刑務所に連れて行かれ、最後に別々に同じ大きな刑務所に収容されたが、当の二人は知らずにいた」（前掲書）

この記述はレーン夫妻からの直接の聞き取りによるだろうから、正確だろう。しかし、それらの拘禁されていた場所は、札幌・大通拘置所を除いて確認できない。私は幾つかの刑務所に照会したが、すべて回答できない、という返事だった。

「或る日、私の妻の母が他の日本人の囚人達と囚人の衣類の洗濯をしていると、その中に夫のが一枚まじっているのを発見した。それで自分の赤い髪の毛を何本か抜いてその衣類に結びつけ、こうして二人は始めてお互いにまだ生きていて、同じ刑務所に収容されていることを知った」（マイナー、前掲書）

橋本誠二北大名誉教授の母アイは、札幌組合教会（一九四二・昭和十七年、北光教会に改称）を通じてポーリン・レーンと信仰上の交際があった。夫妻が大通拘置所にいると聞いて、橋本アイは教会の仲間とともに、夫妻を激励するために、拘置所の塀のそとで、心を込めて賛美歌を合唱した。ポーリンは獄中でこの声をきいて、自分のことを心から心配してくれる日本の友人たちに感謝の祈りを捧げ、涙をぬぐった。

ハロルド・レーンが北海道内の国鉄に乗せられて、護送されているときであった。一人のみたことのあるような感じの青年が席を立って、突然レーンが手錠を掛けられて看守とともに座っている席に近づいてきた。そして、「レーン先生」といって頭を垂れ、直立したまま溢れ出る涙を拳でぬぐった。北大での教え子であった。レーンの衰弱した姿に声が出なかったのだろう。レーンもまた囚われの身で、「レーン先生」と呼ばれたことに感動し、しばし平常の心を取り戻した。ある看守長は夫妻の苦境に同情し、とくにポーリンに「できるだけのことをして、その結果、譴責され、免職された」（マイナー、前掲書）

夫妻の苦しみは深かったが、しかしときにまた人と人の間の信愛を感得したのである。

マイナーは書いている。

「朝鮮戦争の時に、共産軍が捕虜の精神を挫くのに肉体的な、また、心理的な拷問を加えるのを指して洗脳という言葉が始めて使われたが、この方法はその前からドイツのナチス、ソ連の官憲、および日本の警察によって用いられていた。私の妻の父にもそれが用いられて、非戦闘員のアメリカ人でそういう目に会わされたのは、或はこの人一人かもしれない。私はこのように謙虚な人にまだ会ったことがなくて、この教友派の（これはクェーカー教派とも呼ばれている）穏やかな学者を知っているものならば、そういう待遇がこれほど不当な人間はないことがすぐにわかるはずである。またこの善良な人間がその生涯で、第一次世界大戦の際には従軍することを教友派の信者として拒絶したためにアメリカの官憲の圧迫を受け、今度の戦争では日本の警察によって特にそういう目に会わせる対象に選ばれたのは、皮肉だと言うだけではすまない」（前掲書）

しかし夫妻が獄中でどんな苦痛を加えられたのかは、知られていない。

レーン夫妻の主張

ポーリンの上告審判決は、彼女の上告趣意を引用している。これは上手とはいえない日本語で綴られ、それがかえって彼女の真意を伝えている。その一部を引用しておく。

「それから警察の御役人さんから永い調を受け始めました。彼等は丁寧でありましたけれ共、私の知らないことを知って居ると強要しました。三月には私は肉体的に心理的に悪い状態にあった為に検事さんから調べられた時にでたらめに物を書いたり言ったり致しました。主人と子供に会へる望みのために自分の部屋に帰った時に数時間休んでから自分は誠でないことを言ったといふことを意識しまして、次に検事さんに御会ひする時に告白すると決心しました。それでその通りに向江検事さんに申しましたが、聴入れてくれませんでした。後に予審判事さんにそのことを話しました。その後米国に帰りたいか、と尋ねられた時に、主人と私は子供の為に大きな責任があると思ひますので、若し皆一緒に行かれるならば行きたいけれど、主人一人を置いては行きたくないと申しました」「私の裁判は十二月二十一日に終って、秘密の情報を学生或は家に出入して居る人から集めてくれと頼まれて、そしてその情報を大使館に知らせたと申されました。主人が大使館の役人に非公式にたのまれたと言はれました。裁判の言渡は有罪で十二年の懲役でした。私は神様の前で真実に、正直に、決して何人にもわざと尋ねたことがない、そしてさういふ情報を大使館に知らせたことも決してないのです」

このあとに、もしそのようなことをしていたならば、早くに帰国の勧告に従って帰国していたであろう、という趣旨のことが続く。

上告審でハロルドは「昭和十八年二月二十三日付及同年四月二十二日付被告人の各上告趣意」を提出している。ハロルドはあまり日本語に通じておらず、とくに書くことにおいてそうであったから、これら二通の上告趣意は英文で書かれて日本語に翻訳されたものと推定される。そして上告審判決にその「趣旨」の「要約」が載っているのだが、これはおそろしく「要約」され過ぎていて、原意をどれほど伝えているのか、甚だ疑わしい代物なのである。しかし、今となってはハロルド・レーンの主張を伝えるものとしては、これ以外にないので、その部分を引用しておく。

「自分は軍事秘密と称せらるる事項に付ては全く興味なかりしのみならず、かかる事柄を蒐集聴取せんと努力したることもなし。自分は宮沢弘幸が千九百三十九年樺太へ、千九百四十一年千島へ旅行したることに付ても殆ど想起すること能はざる位にて、同人より宗谷灯台に於ける特殊なる或る種の装置、幌莚に於ける軍港、兵隊、砲台、松輪島に於ける海軍飛行場、千島以外の場所に於ける軍隊等に付如何なることも聞きたることとなし。自分は警察にては特殊の食物、休養の不足、留置場の不潔等にて極端に疲労し居り、係官の訊問の趣旨すら十分之を理解する能はず、只早く訊問を終り、家庭に帰り度さに出鱈目の供述を為したり。検事の取調は急速にして公正を欠きしも、当時自分は疲労し切って居りし為、気休めに聞取書に署名したる迄なり。右の如く司法警察官及び検事に対し虚偽の陳述を為したることに付ては御寛恕を乞ふ。自分は原判決の如く軍事上の機密を探知し、之を外国に漏泄したる覚なきに、懲役十五年の刑を科するは公正ならず」

さきに、ヘルマン・ヘッカー家にのこされた訪客簿のことにふれたが（四六ページ）、そこにヘッカーは訪れてくる学生や卒業生について、短い注記をドイツ語で記入していた。「北支戦線から帰還」などという注記がいたるところに書きこまれている。これらのことも特高や憲兵からみると、「軍機」の「探知」であったにちがいない。朝比奈英三北大名誉教授は、「レーン夫妻の言動に憲兵が危倶をもったとするならば、レーンさんの周囲にたくさんの学生が集まり、学生がレーン夫妻に親しんでおり、そしてレーン夫妻がアメリカ人であった、ということに尽きる、と思う。同様に学生に親しまれていたヘッカーさんはドイツ人だったから難を免れたのだ、と思う」と語っている。

ハロルドは公判廷で自白の虚偽と無実を主張したが、いれられず、宮沢らから聞いた軍機の一部を大使館付武官に伝えたものとして、重刑に処せられたものと思われる。その判決の認定した事実の詳細は不明である。

しかし、私は大使館付武官に「軍機」を伝えたということは、偽りだと思う。そのような自白は、ハロルド・レーンのいう通り、「出鱈目《でたらめ》の供述」「虚偽の陳述」であったのだ。

クェーカーの兵役拒否は、絶対に人を殺してはならぬ、という風雪に耐えた宗教的確信に基づく。それは、十六世紀以来、イギリス国教に対する抵抗に発し、新大陸アメリカに渡ってからも、英仏戦争、独立戦争、南北戦争などの幾多の戦火のなかで鍛えあげられた。良心的兵役拒否は、単なる厭戦、非戦ではない。それは、自分の良心に問うて、それが正しい、それ以外にないという確信に基づく。それは死の恐怖からの逃避ではなく、まして卑怯とは完全に無縁である。それは時として、戦闘員にはるかに優る宗教的、道徳的勇気に裏付けられていなくてはならぬ。

ハロルドは、温和な、慎み深い、そして家庭的な人柄であった。しかし、その心底には、クェーカーの反戦、非暴力の志が燃えていた、とみてよいであろう。彼ほどに非軍事的な人物はいなかった。それは、軍国日本でそれとして表にでたことはない。しかし、完全に孤立させられ、社会的に抹殺されてしまったあとも、合法的に争う道が残されている限りは、最後まで自分の主張を貫こうとした、その不抜の姿勢のなかに、私はクェーカーの志をみる。そして、武官から非公式に頼まれて軍事に関心をもち、学生や友人から聞き出して武官に伝えた、という筋書はやはり偽りだったと思う。

なおハロルドの上告審には弁護人稲村真介の上告趣意が提出されているが、ポーリンの上告審には、弁護人の上告趣意が出されていない。弁護人はついていなかったのであろう。夫妻ともに、全く孤立した困難な条件のもとで、法的な手続きを維持して最後まで無罪を主張しつくしたことに、夫妻の強靭な人間的力量をみる。

一度、横浜まで行く

ポーリンの上告趣意には、重大なことが書かれている。夫妻は一九四二（昭和十七）年八月三十一日、大通拘置所を出され、九月二日に横浜を発つ予定の帰国船に乗船させるということで、その日の夜、汽車に乗って横浜へ向かった。突然のことであった。夫妻はどれほど喜んだことであろう。子供との再会と自由とが目前に現れたのである。横浜に着いたのは九月二日のことであった。ところがこの日に出航する予定は延期された。夫妻はその二ヵ月半ほど前の六月十七日まで、双児の娘たち、ドロテアとキャサリンが泊まっていたバンド・ホテルに、他の帰国予定者十九名とともに泊まって船を待った。しかし九月二十一日になって、配船は無期延期になった。札幌へ帰れといわれて、九月二十二日に再び札幌に逆戻りして、大通拘置所に入れられてしまったのである。

これはなんと冷酷無残な仕打ちだったろうか。いったんは手にしたと思われた、子供との再会と自由への切符は、二十日余りにして再び奪いとられた。大通拘置所に再度収監されたときの夫妻の絶望と悲哀とは、想像をこえる。この絶望に耐えて生きぬき、最後まで上告に挑戦してやまなかった夫妻の努力に、私はもう一度敬意を表しておきたい。

しかし、このときから、それ以降の夫妻の在日受難歴は消え去った。今まで夫妻について書かれたものは、マイナーのものを除いて、すべて夫妻は一九四二（昭和十七）年に交換船で帰ったものとされてきた。『北大百年史・部局史』、『来日西洋人名事典』、『北海道大百科事典』などみなそのように記述している。

『百年史』は、「一九二一年（大正一〇）以来予科の英語教師であったハロルド・M・レーンはスパイ容疑とされた。結局、一九四二年（昭和十七）七月、交換船で帰国する。札幌駅フォームでは、予科生がストームを演じて先生の帰国を惜しんだ（一九五一年四月再び着任）」と書いている。この記述はストームのことと帰国の時期で間違っている。この時期、レーン側にも予科生の側にもストームの自由はなかったし、それにこのときのレーンたちの札幌出発は、釈放された日の夜で、学生たちにそのことが知らされる余裕はなかったろう。帰国の時期の間違いは、いちど夫妻が一九四二（昭和十七）年八月三十一日に乗船のために札幌を発ったという事実があって、そのまま乗船して帰国したものと思われてしまったことと関係があるだろう。そこでそれ以後の、この年十二月の札幌地裁の有罪判決と翌年五月、六月の大審院判決、さらには確定した判決による受刑、のちにみる奇怪な「交換」の事実などが、関心ある人たちの記録からすべて消え去ったのではなかろうか。

もうひとつ重要な問題は、このいったん帰国のための釈放と再度の収監、そしてその後の一審裁判手続きの続行とは、いかなる訴訟法上の手続きによって行われたのか、ということである。

一九四二（昭和十七）年八月といえば、予審が終結した頃のことである。帰国のために裁判を途中で打ち切る時は、検事から公訴の取り消しがあり、裁判所がこれを受けて免訴の決定をするのが常であった。この時、いったんは免訴したのだろうか。免訴したとすると、その後の裁判の続行はできなかったはずである。再度の起訴などできるわけがない。身柄にしても、横浜行きは免訴しないまま、勾留執行停止によって行い、再度の収監は執行停止の取り消しによったのだろうか。もしそうならば、手続的には一応の筋は通るが、しかしこれらのことは、記録がないので、一切不明である。

レーン夫妻に対する裁判には、いかに戦時中とはいえ、許されてはならない違法手続きが隠されていた疑いがある。どんなことがあっても、法はこのように冷酷無残なことを許すものであってはならない。

奇怪な「交換」

レーン夫妻の裁判を担当した宮崎梧一現弁護士は、夫妻の裁判のことを記憶していた。英語の通訳をつけたために、裁判には手間がかかった。通訳の都合で、夜まで開廷したことがあった。裁判のなかみは全く記憶していない、重刑の理由も覚えていない、拷問の主張があったかどうかも覚えていない、という程度の記憶であったが、もう一つ重要なことを覚えていた。

時期ははっきりしないが、寒い時ではない、温かい季節であった。早朝に裁判長の菅原二郎から電話があって、菅原の官舎に至急に集まってくれ、急ぐ、というので、寝間着をきかえる暇もなく菅原方へ行った。刑事部の四人の裁判官全員が集まった。皆官舎住まいであったから、時間はかからなかった。菅原はいう、司法省から政府の必要とする在米の日本人と交換するために、アメリカ人教師夫妻を釈放してアメリカに送還したいから了解してくれ、といってきたがどうするか。政府が必要とする人物と交換するためならば致し方ない、という結論はすぐに出た。このとき教師夫妻は、どこか道内の刑務所で受刑中だったと思う。既決囚のことであれば、司法省の一存で処理できたはずで、裁判官の意見を聞く必要はなかったが、確定判決を事実上変更することになるので、その判決を言い渡した裁判官の了解を得たい、ということだったろう。政府の必要とする人物が誰であったかは知らない。その人物がアメリカで拘禁されていたかどうかも知らない、というのである。

いずれにしろ、レーン夫妻は「日本政府の必要とする」特定の人物、恐らくは日本政府がアメリカに放ったスパイで、当時アメリカで拘禁されていた人物と「交換」されることになった。

この宮崎の記憶はマイナーの次の記述と符合する。

「そこの刑務所の看守長は自分自身が監視されているので、この二人のアメリカ人を少しでも楽にさせてやりたくても、ほとんどどうすることもできなかった。それに妻の父の場合は、アメリカで間諜として監禁された日本人と交換するために間諜の罪名を被せられていたらしくて、その待遇をよくすることは難しかった」（前掲書）

このマイナーの記述にどれだけの根拠があるのか不明であるが、少なくともハロルドが身内の人にそのような説明をしていたものとみられる。このハロルドの説明には、根拠があったのである。宮崎の記憶と符合するからである。

戦争をするときは、自国内で敵国人「スパイ」を、自国が敵国内に放ったスパイの数だけ用意しておかなくてはならない。手駒の用意がないと、敵国に捕らえられた自国のスパイを見殺しにしなければならない。その際、「交換要員」として用意される自国内の敵国人「スパイ」は、必ずしも本当にスパイである必要はない。案外このあたりに事件の真相があった疑いがある。

このようにして、レーン夫妻は、一九四三（昭和十八）年九月、横浜から出航した最後の交換船に乗せられ、インドのゴアで、アメリカから来た交換船、グリップスホルム号に乗り換えて、インド洋、大西洋を渡ってニューヨークについた。マイナーは書いている。「二人はこうして戦争の半ばで漸くまた一緒になることができて、ほとんど廃人に近い状態でアメリカに帰ってきた。私の妻がニューヨークまで二人を迎えに行って、痩せこけた母親と、二年間で髪がまっ白になった父親が迷い子になった子供のように手をつないで立っているのを見た時、妻は気絶した」（前掲書）

マライーニは

　なおここでマライーニのことにふれておく。この頃、マライーニ一家も名古屋の近く、天白《てんぱく》の敵国人収容所で空襲の危険にさらされていた。マライーニは一九四一（昭和十六）年四月から京都に移っていたが、憲兵と特高はその身辺に迫っていた。自宅に憲兵がきて、本や手紙などを調べた。京都の特高に呼び出されて出頭したら、机の上に書き損じの手紙などがつなぎ合わせて置いてあった。その矢先、故国イタリアでは一九四三（昭和十八）年七月、ファシスト政権が崩壊し、九月、連合国に降伏した。そこでマライーニは、枢軸側から一転して敵国人となり、その妻トパーチア、娘ダーチア、それに札幌で生まれた次女のユキとともに収容された。二合三勺の主食配給量は、一合八勺まで減るという乏しい食糧のせいで、七六キロあった体重は五六キロにまで減った。餓死寸前に日本の敗戦で釈放され、しばらく東京で進駐軍の通訳をしたのち、一九四六（昭和二十一）年三月に帰国した。その間、なん度か宮沢と会っている。

　宮沢やマライーニと親しく交際した平取村二風谷の黒田しづは、一九四三（昭和十八）年に網走郡津別村の矢作義重と結婚して、翌年一月、「満州」に渡り、戦後は流民の苦難をなめつくした末に、一九四六（昭和二十一）年五月に帰国した。いま田中姓で健在である。

Ⅵ　釈放と死

宮沢家の戦後

宮沢は一九四五（昭和二十）年六月に、網走刑務所から、仙台の宮城刑務所に移監された。宮城刑務所に入ったのが二十五日であった。いつ網走を発ったのかは分からないが、この護送には数日を要したはずである。すでに本土空襲は激烈を極めていた。この移監のことは、日時は分からなかったが、事前に宮沢家に知らされた。そこで母とくは網走にでかけ、護送の日を待った。とくは網走駅で弘幸が前後を看守に付き添われて列車に乗せられるのを見届けて、ひそかに同じ列車にとびのった。弘幸は作業服に作業帽、ゲートルを巻いて地下足袋をはいていた。昭和十八年八月十八日付「受刑者護送の場合着用せしむる衣類等に関する件」という通牒があって、空襲などの不時のできごとにそなえて、護送時の受刑者の服装も軽装にすることとなっていたのである。途中札幌の大通拘置所で一泊したかもしれない。この護送旅行の詳細は分からないが、いずれにしてもとくは仙台まで同じ列車に乗っていたはずである。同じ車両ではなかったろうが、とくは弘幸と一緒にいることで満足したことであろう。そして、心の中で「弘ちゃん、つらいおもいをしているのは弘ちゃんだけではないのです、家族の者みんなが黙って耐えているのです。だから弘ちゃんもがんばってください」といい続けていたことであろう。妹秋間美江子はいま、そのときの母とくの心中を察してそう思うのだ。

弘幸の痩せ衰えた体と力のない足取りに、とくは心を痛めた。弘幸が宮城刑務所に移されてすぐ、七月十日、仙台は空襲にあって、刑務所の一部は炎上したが、受刑者たちは無事だった。

一九四五（昭和二十）年八月十五日、長かった戦争は敗戦によって終わった。静岡県・富士の藤倉電線の工場は生産を止めた。連合国軍が進駐してきた。八月三十日、マッカーサー元帥は厚木の飛行場に降りたった。このとき海軍側で用意した通訳の一人に、宮沢晃が加えられていた。

敗戦は宮沢の身上にもよい変化をもたらすことが予想されたが、事態の動きははかばかしくなかった。十月四日、連合国総司令部は日本政府に対し、「政治的、市民的及び宗教的自由制限の除去に関する覚書」を発した。この指令に対する日本政府の抵抗は激しかったが、しかし治安維持法、国防保安法、軍機保護法などによって拘禁されている者の釈放は、もはや時間の問題であった。翌十月五日には司法省刑政局長から刑務所長にあてて、電信による思想犯受刑者の釈放に関する通牒が発せられた。宮沢は十月十日、宮城刑務所を出所した。捕らえられてから三年十ヵ月。出所予定の知らせを受けて、父雄也と母とくは仙台へ迎えにいった。

弘幸の肉体は、とくが六月に車中でみたときよりも、さらに一段と衰えをしめしていた。足は骨と皮ばかりで、用意していった靴が痛くてはけなかった。雄也が近所の農家から草履を手にいれてはかせたが、鼻緒が指に痛くてはけない。母とくがとっさに自分の腰巻きから柔らかい布を切りとって、足に草履を結びつけて列車に乗り、静岡県富士根村の社宅に連れかえった。

妹美江子が学校の勤めを終えて帰宅すると、弘幸が座敷に布団を敷いてやすんでいた。美江子は別人のように衰えた兄に話しかけたが、弘幸の口は上顎と下顎がちぐはぐでかみ合わず、弱々しい声は出るが、それが言葉にならず、何を言っているのかが分からない有様であった。

重湯を食べさせて、少しずつならしていった。そんなときは家族全員が同じ重湯を食べて、いまは食糧事情がわるくて、みんなが重湯を食べているのだ、と説明した。弘幸は庭の鳥をみて、とってきてくれという。なににするのかときくと、食べるのだ、網走では鳥を食べた、などといった。

弟晃が十月中旬には復員してきて、宮沢一家は数年ぶりに全員一緒になった。弘幸も少しずつよくなっていくように思われた。それぞれに辛い思いをしてきた宮沢家の人々は、戦後の新しい生活設計についてもおいおい話し合うようになった。工場の仕事は止まったままで、一家は東京に引き揚げることになったが、当時は東京に入ることについて厳しい制限があった。家族が同時に、というわけにいかなかったが、飯田橋にまず部屋を借りて、荷物を運び、一人、二人と戻った。

やがて千代田区富士見町二の九、飯田橋の警察病院の裏手にあたるところに家を求めて、そこに家族は落ち着いた。

四年に近い拘禁生活、とくに網走での二年間は、弘幸の身心を深いところで傷つけていた。拷問や「スパイ」のでっちあげに対しては闘ったが、網走での独居は、自信家であった弘幸の心を砕き、この気落ちがまた弘幸の身体を衰弱させたのであろう。

傷心の日々ではあったが、それでも弘幸の身心は少しずつ回復していった。北大からは復学の意向について打診があったが、弘幸の心は動かなかった。両親は明らかな不快を示した。北大が弘幸の救援を断ったことが、両親の不信となっていた。

弘幸の再起の希望を示すものに、『朝日新聞』一九四六（昭和二十一）年二月六日付の「天声人語」がある。次のように書いていた。

「比島で戦没した米兵ジョンストン君の保険金一万弗が、その遺言に基いて両親からラファイエット大学に奨学金として寄付せられ、その選に与るべき候補者の第一位に日本人が挙げられてゐることは過日の本欄（注、一月二十五日付）にも紹介した通りである。早くも候補者としての名乗りが、北海道帝大に学んだことのある二十七歳の青年によって上げられた。仔細あって匿名になってゐるが、四年前の真珠湾攻撃の頃、やはり同じ北大に講師をしてゐた米人ハロルド・マッシイー・レーン氏夫妻と共に逮捕せられ、治安維持法並に軍機保護法に違犯するの故を以て十五年の重刑に処せられた。大戦中は引続き網走の重罪刑務所に繋がれ、昨年六月になって仙台刑務所に移されたが、終戦後の政治犯人釈放に関するマックアーサー指令に基いて放免せられたとのことである。本人は米国へ渡って哲学と法律とを修める傍ら、米国の教育制度を研究することにより、日本の教育制度を十分に修正し、以て日本の民主々義化に資し度いとの希望を漏してゐる。日本の新聞記事を読んだ結果と報告せられてゐる所をみれば、或は本欄にも責任の一半があるかも知れないが、今日の日本人に自己推薦する資格があるかどうか。あわてゝ行列の先頭に立たうとするよりは落着いて考へ直してみる必要があり相である」

この記事には少し不正確な部分もあるが、ここで取り上げられた人物は宮沢弘幸以外にはない。記事の様子からすると、弘幸が『朝日新聞』を読んで、ラファイエット大学に直接に応募の手紙を出したものと思われる。最後の数行の揶揄は余計だが、弘幸の再起の方向を示している。弘幸は、外出できるようになり、一時は米軍関係の通訳をやる位にまで回復したかにみえた。

一九四六（昭和二十一）年十二月の末、家族は揃って新宿の末広亭の寄席を楽しみにでかけた。弘幸一人が留守をしていた。その留守の間に、弘幸は突然、洗面器一杯の喀血をした。肺結核が進行していたのである。家族は弘幸の治療に全力をあげた。警察病院に弘幸の六中時代の友人が医師をしていて、熱心に治療してくれたが、病状は結核性腹膜炎となって進む一方であった。弘幸は、ベッドの上で、網走時代を思い出して、「今度家を建てる時は壁のない家を建ててくれ」などと言った。「数ヵ月のうちには必ず回復して、北海道で何があったのかをあらいざらい書いて、出版する」とも言った。しかし、弘幸は二度と立つことはできなかった。一九四七（昭和二十二）年二月二十二日、宮沢弘幸は亡くなった。享年満二十七歳。母とくは、一九七六（昭和五十一）年二月二十二日の命日に、アメリカのデンバーで、次のように書き遺した。

「二月十八日でした。付添の五十嵐看護婦さんが一寸お母アさんを呼んできてくれ、との事で私が二階へ行きベッドのそばへ行きましたら、パッチリ目をあき、お母アさん、もう三日たったら起きられるようになるから、と話かけられ、私を喜ばせてくれましたが、私はうしろをむいて涙をふきました。かわゆそうでかわゆそうでたまりませんでした。そうして二言、三言話をしてまたすやすやとねむってしまひましたがそれが最後の話となり、とうとう昭和二十二年二月二十二日午後二時前後でした。父、母、晃、美江子、昭子、看護婦の五十嵐さん、結城さんなどに見まもられて、二十九歳（注、数え年）を一期に長い旅立ちをしてしまひました。一しきり皆の泣き声がやむはづございませんでした。ついつい三十余年たってもきのふの如く此の悲しみはわすれられません。お父さんもとうとう嫁ももたせず、かわゆそうな事をしたと、男泣きにすがって泣いて居ました。ほんとうによい子でした。弘ちゃん　ごめんなさい」

弘幸の事件は、経済的にも大きな出費を余儀なくさせた。戦後の宮沢家の家計を支えるために、とくは奮闘した。当初、弘幸の遺した本を並べて、弘幸書房の名で貸本屋を開いたが、本が返ってこない場合が多いのでとりやめ、新本を仕入れて警察病院や逓信病院の入院患者や附添の人たちに貸した。やがて逓信病院内に売店をだして、本や入院生活に必要な雑貨を売った。逓信病院の医師、看護婦の昼食の仕出しをやり、店舗を借りて物品交換所を経営し、切手の売り捌きをやり、「とく寮」の名で自宅に地方からくる患者を泊めた。朝は四時に起きて家事をすませ、昼間に店に出て夜まで働き、食事は弁当ですませ、夜は病院の風呂にはいって帰宅する、というはげしい生活であった。いつも明るく、にぎやかに振る舞い、疲れをみせなかった。逓信病院の人たちは、とくに、ルーズベルトという愛称をおくった。とくの顔だちが、どこか戦時下のアメリカ大統領、フランクリン・デラーノ・ルーズベルトを思わせるところがあったからだろう。晩年のとくは、最愛の息子を失ったあとで、ハマッ子のバイタリティを発揮したようであった。

一九五〇（昭和二十五）年九月、母とくと美江子は、北海道に旅立った。網走には弘幸の「魂」のすべてがある、それを残らず持ってこよう、というのである。網走刑務所に行って、弘幸を偲び、「魂」を拾い集め、帰りに阿寒湖にマリモを見に行った。そのバスのなかで、東京から来ていた一人の青年と、九州大学林学科の学生二人と一緒になった。湖畔に着いて旅館に入った。とくは疲れて休んでいたが、美江子は湖畔に出て、マリモを探るために、湖上に出る船を雇おうとしたが、その料金が高くて当惑していた。

このとき湖畔で写生をしていた、東京から来た青年と、九大の学生が助力を申し出たのである。割り勘で船を雇おう、というわけである。四人は乗船して、船上で名乗り合い、東京での再会を約した。この東京から来た青年が秋間浩であった。

秋間は、旧制一高を経て一九四七（昭和二十二）年九月に東大第二工学部電気工学科を卒業して、当時の文部省電波物理研究所（現、郵政省電波研究所）に入り、この年九月中旬に稚内電波観測所に出張して暫く滞在した。部分日食の際の太陽電波の変化を観測するためであった。観測の仕事を終えたあと、秋間は北海道の秋色を楽しみながら南下し、阿寒湖まで足をのばして、宮沢母娘と識り合った。その後二人は交際を続け、一九五五（昭和三十）年十二月に結婚した。

というわけで、浩と美江子のめぐりあいは阿寒湖の湖上であった。網走で集めた弘幸の「魂」がマリモに凝縮して湖底に沈み、この緑の珠が二人を引きよせたのかもしれない。

この旅行の帰途、宮沢母娘は札幌で弘幸の旧師、ヘッカー家を訪ねた。夜おそく、ヘッカー家の応接間で話が戦時中の苦難に及び、弘幸が検挙される一ヵ月前に、母とくをつれてヘッカー家を訪れた際の思い出がとくの頭をよぎったとき、とくは、それまでの冷静を失って急に嗚咽し、娘美江子は母の肩を抱いて慰めた。その情景が、同席した滝沢義郎夫妻に強い印象を残した。

晩年の母とく（1980年5月、アメリカ・デンバーで）

結婚する前に、秋間浩は東京・飯田橋の宮沢家を訪れ、二階で父雄也と懇談しているとき、貧しい人たちの子弟のために、政府はもっと育英資金を出すべきだ、とのべた。これをきいた雄也は急に階下におりて、母とくにむかい、「あの人はアカではないか」と問うた。母とくは答えた。「なにいってんの。美江子をもらってくれるという人が、アカだって紫だってかまわないじゃないの」。

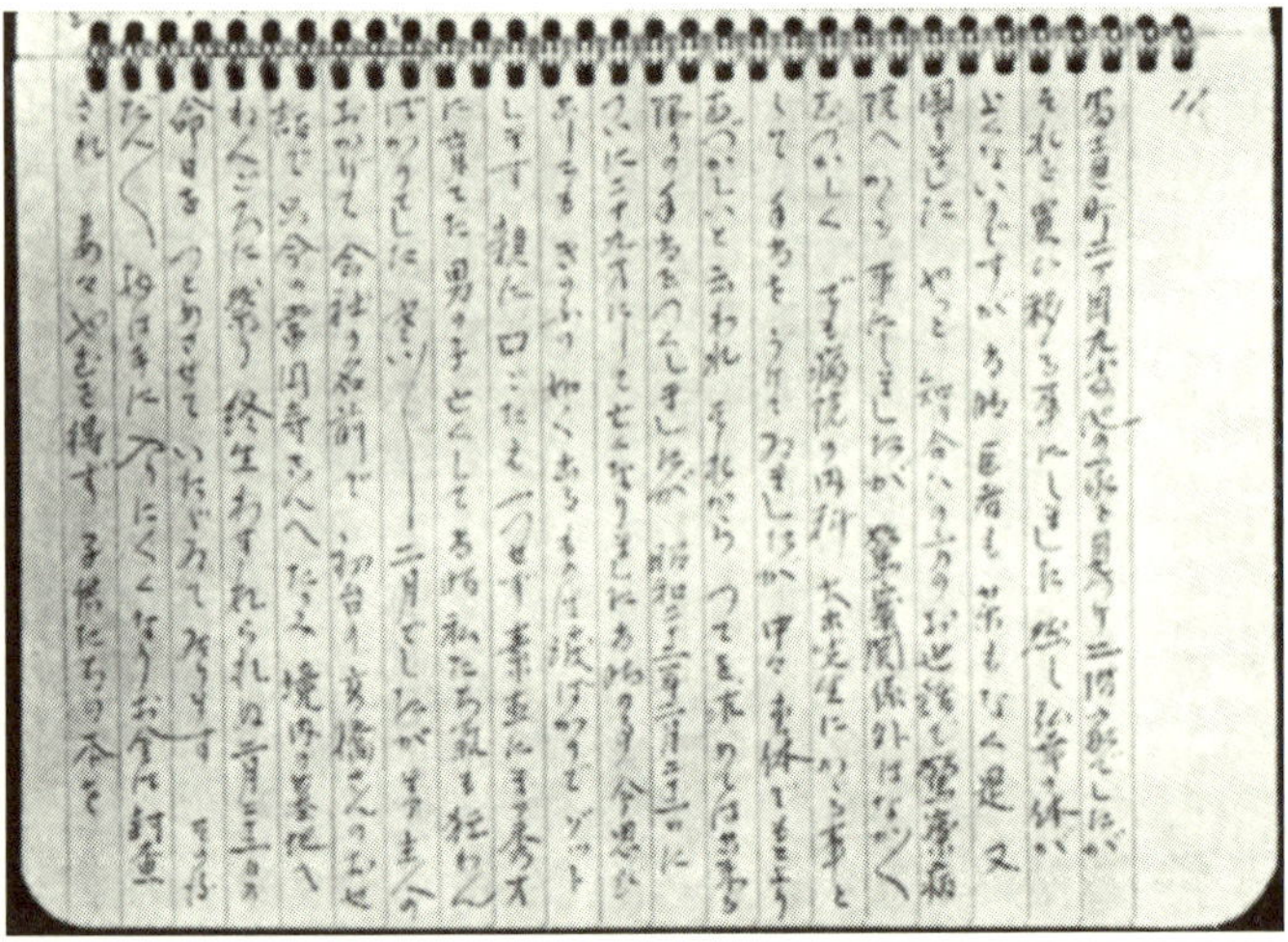

宮沢の母とくの「手記」の１ページ

この話は父雄也が戦後、大分の年月がたった後も「アカ」だ、「スパイ」だといわれることに強い警戒心をもっていたことをしめしている。

父雄也は、戦後早くに藤倉電線を定年で退職し、しばらく子会社の弘電社の社長を勤め、あとは日本照明という会社を興したりしていたが、事業はうまくいかず、東京・品川にもっていた小さな工場を人手に渡したりしているうちに腎臓病を患い、尿毒症をおこして一九五六（昭和三十一）年四月十四日、警察病院で病没した。六十六歳であった。心のやさしい、家族一人ひとりの自由を尊ぶ電気技師であった。戒名は「真性院精進日雄居士」である。

晃は戦後慶応大学に復学して一九四六（昭和二十一）年九月に卒業し、藤倉電線を経て三井物産に勤務していたが、一九六三（昭和三十八）年秋、名古屋に栄転直前に白血病を発病し、暮れにはよくなるようにみえたが、再び病状は悪化し、翌年四月十二日に妻子を遺して病没した。四十歳であった。原爆投下後、長崎上空で被曝したことが原因であった。戒名は「雄心院法徳日晃居士」である。兄弟ともに戦争の重い影を背負って、早くに死んだ。

妹の美江子は秋間浩と結婚して、国立市に移ったが、父雄也に続いて兄晃が病死したあと、秋間一家は一九六五（昭和四十）年にアメリカにわたり、浩はコロラド州で新しい仕事についた。とくは晃の遺した未亡人母娘と一緒に暮らしていたが、やがて晃の娘は結婚し、晃の未亡人は再婚した。戦後の日々を働きづめで過ごしてきたとくは、いつのまにか宮沢姓を名乗るのは自分一人になったことを、さびしく思った。

しかし、母とくが日本を去って、アメリカに往生の場をみつける心境になるまでには、まだいくらかの時間が必要であった。とくは一九七四（昭和四十九）年アメリカへの三度目の渡航をおこない、秋間家のそば、コロラド州デンバー市十九番街一二五五番の、仏教会の経営するタマイ・タワーに居を定め、秋間家の庇護のもとに老後を送った。日系人たちに「東京の御隠居様」と呼ばれて親しまれる静かな老後であった。時に、和服をきりりと着てみせ、努めて正確で丁寧な日本語を使うとくの振る舞いは、日系人たちに「良き時代」の故国のことを思い出させたであろう。そして一九八二（昭和五十七）年一月二十八日、デンバーのセント・ルークス病院で八十六歳の生涯を終えた。死後の名は、「信行院妙雄日徳大姉」である。

美江子は、日本・横浜に生まれてアメリカ・デンバーに絶えた、この明治の女の一生に自分を重ねて、もの思うことが多い。とりわけ弘幸の事件以来、「スパイ」の母として持ち続けていた「日影者」意識を思うとき、胸が痛むのである。

すでにしばしば引用した母とくの手記は、B5版のノートに二八ページにわたってボールペンでかきこまれたもので、「昭和五十年八月二十二日書く」に始まり、宮沢家と、実家松浦家のことを父祖の代に遡って丹念に記述し、「昭和五十六年二月二十二日、記録」で終わっていた。死の前年、弘幸の命日のことをかいた最後の記録は、次の通り書き結んでいた。

「ほんとうによい御供養をしていただき、そのあと皆さん楽しそうにゆっくりお話が出来、もったいないような一日を過させていただき、ありがとうございました」

宮沢家の墓は、東京・西新宿の高層ビル街から青梅街道をへだてた常円寺にある。そして宮沢弘幸の戒名は、「贍仰院弘法《せんごういんぐほう》日幸居士」である。

レーン夫妻、再び札幌へ

戦後北大では、レーン夫妻をもう一度呼ぼうという声が起こった。一九五〇（昭和二十五）年秋のことと思われる。レーン夫妻は、北大に良い印象を残していた。柏木秀夫教授は書いている。「漱石がケーベル先生に対して抱いたと似た敬愛の念を抱いたものも多かったという。それはレーン先生が、教室でただ英語を教えるだけの外人の先生ではなかったからであろう」（『瓔珞』

十八号）

杉野目晴貞（昭和二十九〜四十一年、学長）、堀内寿郎（昭和四十二〜四十六年、学長）は、激しい学長選挙を争った仲であったが、しかし両者ともにレーン夫妻とは親しく、夫妻を呼ぶことには熱心であった。しかし、戦争中に受難して、送還されたレーン夫妻自身が再度の札幌赴任を受けるかどうかが心配された。レーン夫妻の内意が確かめられた。マイナーはその年のクリスマスのレーン夫妻の様子を伝えている。

「私と妻は一九五〇年に結婚した。その年のクリスマスに、私達はボストンにいる妻の両親のところに行って、私は両親に始めて会った。二人は北海道大学からもとの職場に戻るように言ってきたというので、何も手につかない有様だった」（前掲書）

夫妻は札幌に残した友情がよみがえろうとしていることを、心から喜んだのである。

「戦争が終わってからもう五年たっていて、辛かったことの記憶は薄れていても、二人のアメリカ人の友達で、二人があれほど苦しい目に会った国に何故戻りたいのか、不思議に思うものもいた。しかしこの二人や、その日本人の友達を知っているもの、あるいは賢人と呼べるほどのものならば誰だろうと、そうは思わないはずである。二人は一九五一年の初めに、妻の父が始めて日本に来た時から三十年目、戦争になってから十年目に日本に帰ってきた」（前掲書）

レーン夫妻は、必ずしも懐かしいとばかりはいえない北十一条、西五丁目の官舎に入った。そして、ハロルドはこの年四月一日に再び北大の英語担当の「外国人教師」となった。ポーリンはのちに北海道教育大学の「外国人教師」となった。

ところで北大の招聘で来日し、東京に着いたレーン夫妻は、すぐさま飯田橋の宮沢家を訪れた。大きな花束を持って、弘幸を弔うためであった。しかし、レーン夫妻をみて母とくは怒った。「レーンさんが弘幸についてあらぬことをしゃべったために、弘幸は殺されたようなものです。帰って下さい」。とくはそう言って譲らなかった。彼女は固くそのように信じていたのである。妹の美江子は、とくの態度は非礼だ、レーン夫妻の弔意を謹んで受けるべきだと思ったが、とくを説得することがかえってとくの怒りを激しくするだろう、と思いなおして、黙っていた。ハロルド・レーンは一言も弁明することなく、ただ頭を垂れるのみであった。

ハロルドを知る北大関係者が口を揃えて言うことは、彼は自らを語ることの最も少ない人であった、ということである。朝比奈英三名誉教授はいう。「レーンさんは日本に戻ってからも、戦時中にどんな目にあったかについては、なにも語らなかった。話したがらないからこっちもきかない。穏やかな、慎み深い人だった」。マイナーは、これにポーリンを加えて、「妻の両親は自分たちのことについて稀にしか語らず」(前掲書)と書いている。

二人だけの静かな教師生活が再開された。教室だけではなかった。戦前と同様に、官舎を開放して、学生や教職員との接触を深めた。父母以来の永い、北光教会の人たちとの親しい信頼のもとで、平穏な生活がつづけられた。若い助手や大学院生には留学希望がつよく、英語の習得への要求は戦前の比ではなかった。それらの人たちの要望に応えて、英会話の学習会を開いた。また理学部の英文紀要の英文校閲を行い、校正の紙面が真っ赤になるほど朱をいれた。そのほか自然科学の英文の論文作成にも喜んで協力し、英文の添削をして感謝された。ハロルド自身も地質学などに強い関心と興味を持っていた。一九五六（昭和三十一）年九月には、北大創基八十年記念式典が行われ、これには、故クラーク博士の孫、W・S・クラークⅡ博士やマサチューセッツ州立大学総長J・P・マーサー博士が来学し、レーン夫妻はその歓迎の仕事にあたった。その後北大と欧米の大学との関係が深まって、国際交流の仕事も増えた。しかし、朝比奈名誉教授によれば、「それもレーンさんの方でなにか積極的に働きかけるというのではなく、北大に勤務するアメリカ人としての役目を控え目に果たす、という感じであった」

『写真集・北大百年』には、W・S・クラークⅡ夫妻の来学の際に撮った、杉野目学長とレーン夫妻、クラークⅡ夫妻の並び立つ写真が掲載されている（次ページの写真参照）。クラークⅡは、一九二二（大正十一）年にしばらく北大予科の英語教師を務めたことがあり、レーンの古い同僚でもあった。『写真集・北大百年』には、レーン夫妻に関するあと二枚の写真が掲載されており、うち一枚は、一九三九（昭和十四）年、官舎でくつろぐレーン親子の写真であり、あと一枚は、「クラーク博士令息夫妻を迎えた札幌独立教会員たち（昭和四年）」という説明のついた写真である。これは、札幌農学校創設期にクラークの影響の下に信仰に入った卒業生たちの創った札幌独立教会（大通西七丁目）の前で、来日した「クラーク博士令息夫妻」を真ん中にして数十人の人々を

クラーク博士の孫夫妻（右と左から２人目）とレーン夫妻（中央と左端）。右から２人目に杉野目学長（1960年、『写真集・北大百年』から）

写したものである。その二列目に、ポーリン・レーンが写っている。ここで「クラーク博士令息」と呼ばれているのは、W・S・クラークの息子で動物学者のヒューバート・ライマン・クラークで、さきのW・S・クラークⅡはさらにその息子の英文学者である。

レーン夫妻の娘婿、アール・マイナーは、「ボーイズ・ビー・アンビシャス」というクラークⅡの祖父の述べたという言葉にふれながら、次のように書いている。

「クラーク教授（クラークⅡのこと、著者注）は非常に立派な人で、頭もいいし、機智に富み、人格者で、会うことができたことを喜んでいい種類の人間の一人である。言いかえれば、教授はそのお祖父さんよりも優れた人であると考えられるのであり、誰でも彼が公の場所で、或は私的に話すのを聞いたことがあるものは、彼が

そのお祖父さんよりももっと大事なことを沢山言っていることを知っているはずである」（前掲書）

少しくクラーク三代にこだわりすぎたが、ここではレーン夫妻が北大と札幌のこよなき歴史の証人となっていたことを示したかったのである。

ハロルドは一九六〇（昭和三十五）年には、永年の英語教育の発展と国際平和・日米友好関係の促進への貢献を理由として、日本政府から勲五等瑞宝章がおくられた。この時、政府はこの叙勲と、かつての迫害との関係を、自らどのように整序していたのであろうか。フォスコ・マライーニにしても同様で、一九八二（昭和五十七）年に、日本政府は彼に勲三等旭日中綬章を贈ったが、かつて彼に加えた迫害については、なにごとも語ってはいない。

ハロルドの晩年については、彼が大きな犬をつれて北大構内の散歩をたのしむのをみかけた人が多い。ハロルドは一九六二（昭和三十七）年頃、同僚に、自分もそろそろ退職を考えなくてはならない、退職すると官舎をでなくてはならないが、アメリカに帰るつもりはない。老後を札幌で過ごしたい、という希望をもらした。これを伝えきいた教え子たち、といっても北大教授や名誉教授の人たちが、退職後のレーン夫妻に住宅を贈ることを発起した。一九六二（昭和三十七）年十二月に、杉野目晴貞学長を代表者とする「レーン先生御夫妻謝恩記念事業会」がつくられ、募金が行われた。約千五百人の人たちから、約三百万円の寄付があった。家を贈るには十分と思われた。そこに突然の不幸が起こった。ハロルドは一九六三（昭和三十八）年八月、腸のポリー

札幌・円山墓地にあるレーン夫妻の墓（左）と夭折した息子ゴードンの墓。（山本玉樹氏撮影）

プをとるという簡単な手術のために気軽に北大病院に入院したが、その手術のときに脂肪が血管に入るという事故が起こり、血栓をおこして八月七日に七十歳の生涯を閉じた。

それにポーリンには癌が進行していて、入退院を繰り返していた。そこで家を贈るという計画は変更され、ポーリンの療養と記念事業にあてることになった。しかし一九六五（昭和四十）年二月には、療養費の方は別に用意されたので、北大にレーン記念奨学金を設定することとなり、この年三月に百万円が北大に寄付された。七月十二日には、北大教養部二年の学生五名が選ばれ、学長から第一回の奨学金と賞状が授与された。そのあと、学生と関係者が官舎にポーリンを訪ねて見舞った。ポーリンは満足した様子であった。その後毎年「英語の成績優秀にして、且つレーン先生ご夫妻の理想にふさわしい」学生に奨学金の授与が続けられ、一九八六（昭和六十一）年までに、二十二回に及び、授与された学生は、その数百三十九名に達した。この奨学金は、ハロルドだけではなく、レーン夫妻の貢献を記念したものであること、そして「英語の成績優秀」ということだけではなく、レーン夫妻の「理想にふさわしい」学生に授与されることに、その特徴があったといえよう。ポーリンは、一九六六（昭和四十一）年七月十六日、七十三歳で亡くなった。

ハロルドの蔵書は、ポーリンの意思で北大に寄贈され、レーン文庫として約四百五十冊の文学、歴史書が北大図書館教養分館の書架を飾っている。レーン夫妻の墓は、札幌の街を見下ろす円山墓地にある。その六人の娘たちは、アメリカ各地に健在である。そして、日本語を語るこの六人の姉妹たちは、その少女の日々を過ごし、いまは亡き父母の眠る札幌の地を、それぞれに懐かしんでいることであろう。

エピローグ

一九八六（昭和六十一）年秋、かのフォスコ・マライーニは、日本文化の海外普及による国際交流への貢献で、国際交流基金賞を受賞し、来日した。

実はこのとき、宮沢弘幸の妹、秋間美江子とフォスコ・マライーニとの再会が実現していたのである。『朝日新聞』「スパイ防止ってなんだ」十月十二日付によると、次の通りであった。

「『ああっ、ミエコ』。おめでとうをいう間もなく、秋間美江子は、力いっぱい抱きしめられた。アイヌ研究で今年度の国際交流基金賞を受けた前フィレンツェ大教授のフォスコ・マライーニは、『ミエコ』の背をなでながら、みるみる両目に涙をあふれさせた。今はない兄の親友と妹と、戦争をはさんで四十七年ぶりの再会だった。受賞式に来日するマライーニさんと会うために、美江子さんは米商務省技官の夫、浩さんと共に、わざわざ日本へ里帰りした。兄の無念を日本の人たちへ訴えるのに、かつての親友の証言がどうしても欲しかった。涙でぬれた美江子さんの両ほほに、マライーニさんはほおずりをした。この一日、東京はホテルニューオータニの受賞式場でのことだった」

秋間夫妻は日本で国家秘密法が立法されようとしていることを知り、亡兄弘幸の犠牲のなかみについても知るようになった。この法案の立法を許し、再び亡兄と同じような犠牲をみてはならない、という思いは募るばかりだった。それ以来、何度か来日して、亡兄の受難を語ってきた。

一九八七（昭和六十二）年七月七日、秋間夫妻はデンバーから成田に着き、そこで国内線に乗りついで、暮れなずむ札幌・千歳空港でタラップをおりた。札幌弁護士会の要請で、七月九日夜、同会の主催する「国家秘密法に反対する市民集会・宮沢事件の真実」に出席するためであった。

七月八日夜には秋間夫妻、宮沢の北大時代の旧友、小沢保知、滝沢義郎夫妻、松本照男、若林司朗、弁護人であった斎藤忠雄、それに私が出席して、札幌弁護士会の会長藤本昭夫ほか十数名の弁護士が「秋間美江子さんを囲んで」小集会を催した。もう七十歳に近い旧友たちは、弘幸の苦難の日々に、弘幸のためになにもしてやれなかったことを、弘幸に代わる美江子に詫びた。そして長い年月、胸のうちにわだかまっていた辛い思いをこもごも静かに語った。

七月九日夜、札幌市共済ホールには七百五十人の市民が参集した。立見の人たちを含めて、会場は一杯になった。藤本会長が集会の趣旨をのべたあと、同会が用意した、四十一枚のスライド構成「宮沢弘幸の素顔」が、郷路征記弁護士が中心になって書きおろした周到なナレーションつきでスクリーンに映し出された。旧友松本照男が宮沢の学生生活を証言した。これらをあわせて、国家秘密法によって四十年前に非業の死をとげた宮沢弘幸は、いまに甦った。私が「ある北大生の受難——国家秘密法の爪痕」という題で話をしたあと、秋間美江子が「わが兄宮沢弘幸とわたし」について語った。

「……ある日、兄が釈放されて静岡の家に帰ってきました。私が勤務していた女学校から家に帰ると、母は、お兄様が帰ったからあいさつしてきなさい、といいました。兄の寝ている部屋に入ってびっくりしました。たしかに、兄の頭と顔はあるのですが、体がなかったのです。そんなにペシャンコな体で、布団はふくらんでいませんでした。……いま、私の力は小さいのです。私はやがてアメリカに帰ります。この国家秘密法に反対する力をもっているのは皆さんです。私の国でもあり、皆さんの国でもあるこの愛する日本に、再び不幸が訪れることがないように、私のような思いをした人間を再びつくらないように、皆さんどうかそのための努力を約束して下さい。……」

若い人たちも多い会衆は、惜しみない拍手をおくった。最後に、弁護士高橋剛がイタリア・フィレンツェから寄せられた、フォスコ・マライーニのメッセージを読みあげた。

「宮沢弘幸さんの思い出」と題するA5版二枚に小さな活字でびっしり打ちこまれたメッセージは、「私は宮沢弘幸さんのあの事件が、日本であらためて広く社会の関心を呼んでいることを知り、大変喜んでおります」という書き出しで、宮沢とともに過ごした札幌での青年の日々を懐かしんでいた。「宮沢さんは単に山登りの良きパートナーであるだけでなく、非常に聡明かつ博学な青年であり、彼とあらゆる問題について議論できることは私にとって大きな喜びでもありました。彼は歴史・哲学・宗教に関心を持っておりました。また彼は西洋文明の重要性に大変関心を寄せておりましたが、それは和魂洋才（WAKON・YOSAI）の精神の上に立ってのことでした」「また宮沢さんは、外国語を学ぶことによって、知識を広げようとしていました。彼は英語に堪能でしたし、さらにヘルマン・ヘッカー教授の下でドイツ語を、マチルド・太黒夫人にはフランス語を、そして私からはイタリア語を習っていました。また彼がギリシア語とラテン語の文法の本を読んでいるのも見ております」「私は宮沢さんがスパイ罪容疑で逮捕されたことを聞きました。私はすぐにこれはひどいデッチ上げであることを察知し、憤慨しました。彼はたしかに西洋文化に興味を持ち、西洋人からできるだけ多くの事柄を学ぼうとして頻繁に外国人と付き合いをしておりましたが、同時に熱烈な愛国主義者でした。私の考えによれば、彼はかたくなといえる程に愛国主義者であったと思っております」「宮沢さんは決してスパイではありません。レーン夫妻との交友は、潔白であると私は確信しています。私は、彼の立場は彼のとらわれない自由な性格のゆえに、危うくなったのではないか、と思います。おそらく彼は、官憲と向かい合っている際には必要とされる控え目で従順な態度を拒否し、尋問に対して真正面から面をあげて答えたことでしょう」「一九四六年には、私は東京でアメリカ陸軍の通訳として働いていました。ある日、一人の男性が私の事務所を訪れ、自分は宮沢であると言いました。最初、私は彼だとは全くわかりませんでした。というのは、彼は生気がなく、顔色は黄色くなって、歯を失い、実際よりも十歳もふけてみえたからです。私たちは声もなく静かに抱き合い、そして泣きました。それから彼はゆっくりと悲惨な経験を語りはじめました。網走刑務所での辛い冬のこと、凍てつ

秋間夫妻（右２人）と著者（左から２人目）。左端は山本玉樹氏。北大構内にて

く寒さ、粗末な食事、絶望の日々などを。宮沢さんは肺結核にかかっており、自分自身の死期の近いことを知っている様子でした」「私は日本人が宮沢さんの悲しい運命を忘れないようにすることは、非常に重要なことであると思います。彼は吉田松陰のように、反逆者ではなく、勇者として皆さんの中に記憶されるべきであります」

　マライーニのメッセージはこのように結ばれていた。三時間に及ぶ集会は中途退席者もなく、緊張のうちに終了した。

　秋間夫妻は七月十日には伴義雄北大学長を訪問して歓談し、また札幌・円山墓地のレーン夫妻の墓に詣でた。墓前で美江子は頭を垂れ、アメリカからもってきた造花をそなえ、レーン夫妻が戦後に再来日して宮沢家を訪ねたときに、母とくがレーン夫妻の献花を拒絶したことの非礼を詫び、母とくに代わって事実を知らなかったために犯した過ちの許しを願った。そして、レーン夫妻が地下にあって、地上での私たちの平和のための営みを支援して下さるように祈った。円山の斜面には、ニセアカシヤの葉は茂り、タンポポの花は咲き誇っていた。

秋間夫妻は、七月十一日には北大生活協同組合の、七月十三日には函館弁護士会の、七月十四日には釧路弁護士会の、七月十七日には旭川弁護士会のそれぞれ主催する国家秘密法反対のための集会に出席して、宮沢事件のことを語った。その間、七月十二日には田中（旧姓黒田）しづとの札幌・丘珠空港での対面が実現した。しづと美江子はかけよって声をあげて相擁した。七月十五日には、夫妻は三十七年前に二人がそこではじめて識り合った阿寒湖畔を訪れる機会も得た。また網走まで足をのばし、刑務所の前に立って亡兄の苦難をしのんだ。

美江子は札幌で、女学校時代の友人、本間ヤス子からの一通の手紙を受けとった。宮沢の件で来日したことを新聞紙上で知った旧友たちが、東京で美江子を歓迎するクラス会を開くことにしたしらせであった。そのなかで旧友は、美江子が女学生のときに、なにか他人にいえない秘密の負担に苦しんでいたことは推測できたが、そのほんとうの事情をはじめて知った、友人として美江子をひとこと慰めることさえできなかったことが心苦しい、と書いていた。美江子は北海道でのいくつかの集会でこの手紙にふれた感動を語った。

国家秘密法反対のための北海道行脚を重ねるうちに、秋間美江子といまは亡き宮沢家の人々にとって、北海道の風物と北大とは、再び親しいものになりつつあるようにみえた。

そして兄妹には、五十年に近い年月を経て、旧友たちとの友情と信頼が、新しい彩《いろどり》を添えて甦りつつあるように思われた。

秋間美江子と、東京・新宿の墓地に眠る長兄宮沢弘幸、父雄也、母とく、次兄晃にとって、四十二年前に戦火の熄んだ太平洋戦争は、いまようやく、日ごとに、本当に終わり、戦後の復権と平和を迎えようとしている。そして再びいま、新しい核戦争と国家秘密法制定の危険が目前に迫っている。

あとがき

この本を書くようになった経緯は、すでに本文に書いた通りで、そのための調査の進行の具合も、ほぼ推測がつくように書きましたので、もはやつけ加えることはありません。私の仕事は大抵はそうなのですが、この本を書く仕事の場合も、調査と執筆はほとんど同時進行のかたちで進みました。ワープロという機械はそのために大いに有効でした。しかし、資料の検討にゆっくり時間をかけるということを怠っていますから、そのことによる間違いが一番こわいのです。現にこの本も、校正中に新しい知見を得て間違いに気付き、あわてて訂正、加筆する、という一幕があって、冷汗をかきました。一人の人間を捉え、理解して、その人の生きた時代のなかに描く、ということの難しさをあらためて痛感したことでした。とくに「思い込み」がいけません。間違いは、多くの場合「思い込み」の強さに発しているようです。しかし同時に、多少は「思い込み」がないと、なにも新しい知見は得られません。そのへんの加減が難しいようです。

この本は、いうまでもなく、自由民主党が立法を企画している国家秘密法案に反対する努力のなかで執筆を思い立ったもので、この本自身が法案反対の運動に貢献することを目指したものです。前著『戦争と国家秘密法』（一九八六年二月、イクォリティ刊）は、戦時下日本の国家秘密法の運用状況とその爪痕を、大量観察でつきとめる仕事でしたが、この本では、故宮沢弘幸さんという一人の犠牲者とその事件の個別研究を通じて、同様に国家秘密法の戦時下の爪痕をつきとめようとしてみました。

この法案の内容と、その登場の背景、反対運動の展開の様子などについては、前著『核時代の国家秘密法』（一九八七年一月、大月書店）でとりあげました。それとのつながりもありますので、その後のことを少しかきとめておきます。自民党スパイ防止法制定特別委員会は、一九八七年二月、法案の名称を「防衛秘密を外国に通報する行為等の防止に関する法律案」と改め、法案のなかの「スパイ行為等」という語を「外国に通報する行為等」と改めました。「スパイ行為」という言葉につきまとう暗い語感を回避しよう、というのでしょう。しかしこれで法案の名前だけでも、もう数えきれないくらいに変更を重ねてしまいました。立案者たちは、法案の名称を変える度に、法案に対する「政治的信頼」が低落していることに気がついていないようです。

五月三日、憲法記念日に、テロリストが朝日新聞社阪神支局を襲い、記者二名を殺傷しました。犯人は未だに逮捕されませんが、この殺傷は、いろいろな状況からみると、『朝日新聞』の国家秘密法反対を含む言論に対する報復と、脅迫を狙ったものに思われます。日本の言論の自由が、かなり危険な位置にあることに、身の引き締まる思いがします。

第一〇八国会では、売上げ税の新設が国民の大規模な反対運動を呼び起こし、自民党は国家秘密法案を提出する機会を失いました。五月二十七日、この国会は終わりましたが、この国会最終日に、おかしなことが起こりました。五月十九日の横田基地事件（米軍横田基地図書室から米空軍の技術的文書が盗み出されて、ソ連、中国に流れていた、という事件）の摘発に続いて、この日、東芝機械事件（東芝機械のソ連に向けた工作機械の輸出がココム違反として摘発され、社員が逮捕された事件）が公けになりました。これを受けて、同じ日にスパイ防止法制定促進議員有識者懇談会、同国民会議の合同役員会が開かれて、声明を発表し、「私たちは、これらスパイ事件の徹底究明と併せ、自由民主党が国会に提出しようとしているスパイ防止法案が早急に提出され、成立が計られるよう政府・自由民主党に対し強く要望する」と述べました。

引き続き、六月一日には、大槻文平氏を世話人代表として、「スパイ防止法制定を支持する経済人の会」が発足し、ここでも「最近、米軍横田基地スパイ事件、東芝機械ココム違反事件など大変大掛かりなスパイ事件が相次いで発覚しておりますが、これらは米ソの軍事情報をめぐる熾烈な情報戦が我が国を舞台に激しく行われていることを実証し、改めて我が国独自の防衛秘密を保護するための法整備の必要を痛感させました」「早急に同法の成立を実現させたく存じております」（入会案内）としています。

その後、東芝機械事件は、東芝本社首脳の更迭、アメリカ議会での日本への損害賠償、東芝制裁要求などの論議、中曽根内閣によるココム統制強化の対米約束（外国替為及び外国貿易管理法の改正）など、日米間に政治問題を呼び起こしました。田村通産相は、アメリカ政府、議会筋に陳謝にでかけ、「日本はスパイ防止法もなかなか成立しない、そういう特殊な国である」と説明して了解を求めたようです。随分おかしな説明ですが、しかし工作機械は科学技術情報の凝縮物ですから、それが商品としてソ連に売られたことが制裁や処罰の対象となり、さらに今後その取締りが強化されることになると、それは情報の移動をいっそう重く制裁、処罰するという一面を持っており、その限りで国家秘密法制定の動きと同一の線の上に位置づけられるのです。この流れは、貿易さえもが、軍事的価値の優位のもとで、国家秘密の枠組みのなかに取り込まれていくことを示しています。ここまでくると、ココム統制自体が問い直されなくてはなりません。

そこにもってきて七月二十二日には、アメリカ議会の上院が、東芝制裁条項を含む包括貿易法案を可決したのに引き続き、ワシントンでSDI計画への参加に関する日米両国政府間協定が締結されました。協定は日本企業の参加について、抽象的な原則を決めた政府間協定と、参加条件の細目を決めた「実施取り決め」に分かれますが、公表されたのは前者のみで、後者は秘密とされてその内容は分かりません。しかしSDI研究の結果生みだされた新しい技術や情報について、その工業所有権はアメリカ政府に属し、参加した日本企業はその利用権を持つが、アメリカ政府が秘密指定をしたときは利用は制限される、という内容のものと伝えられています。公表された政府間協定にも、秘密情報保護のための「必要かつ適当な措置」に関する規定があります（三項）。

SDI計画への参加とココム統制の強化、それに国家秘密法制が重なったとき、どういう事態になりうるか、ここのところはよくよく考えておかなくてはなりません。ＳＤＩ関連の技術を取り入れた商品は、直ちにココムの禁輸リストに載せられ、さらにそれが国家秘密法の適用を受ける、という筋道が開かれるでしょう。そのときには、産業秘密、企業秘密などいっそう広範な秘密が国家秘密のなかにとりこまれてくるでしょう。東芝機械の事件はそのことを教えています。

それに、一方におけるＳＤＩ計画の進行は、他方における反ＳＤＩ計画を生みだすでしょう。反ＳＤＩ計画の進行は、また一方における反・反ＳＤＩ計画を促進するでしょう。かくて、四十二年前に、アメリカによる核爆弾の秘密の独占体制が、その後の無限の核軍拡をもたらしたように、今日のＳＤＩ秘密の創出が、将来の無限のＳＤＩ軍拡競争を生みだす危険は大きいのです。このようにして、国家秘密法反対の私たちの課題は、核兵器の廃絶、ＳＤＩ計画の中止という人類的課題につながる展望をもっています。

そして当面のことについていえば、これらの情勢は、国家秘密法の狙いが、アメリカの安全保障上の都合によって、技術情報を含む広い情報に近接する国民の「知る権利」を抑圧するものであることを、いっそう明瞭にしています。

この本では、叙述の都合上、北海道での運動の一部を取り上げるにとどまりましたが、国家秘密法反対運動の力量は、確実に増大し、そして拡大しつつあります。私たちはそのことを実感しています。この本がその引き続く強化に役立つことができるならば、この本に描かれた故宮沢弘幸さんをはじめ、いまは亡き犠牲者たちも、きっと喜んでくれるに違いありません。

宮沢事件については、まだ判っていないことがたくさん残されています。故レーン夫妻のことまで拡げれば、判っていないことははるかに増大します。単純なことでいえば、たとえば故レーン夫妻がどこの刑務所で服役したのかさえ不明のままです。わが刑務所当局は、決してそのことを教えてくれないのです。

故宮沢弘幸さんが北大時代に、遠友夜学校の教師をしたことがあるのではないか、と思って調査しました。北大の山本玉樹さんはとくに熱心にこのことを調査なさいましたが、遂に確認することができませんでした。この学校は、一八九四(明治二十七)年に新渡戸稲造が今の札幌市中央区南四東四、中央勤労青少年ホームのある場所に創設し、一九四四(昭和十九)年まで続けられた夜学校で、たくさんの北大生が勤労青少年のために、その教師を勤めました。秋間さん夫妻と私たち夫婦は、七月九日、山本玉樹さんの案内でここを訪ね、新渡戸稲造と北大生たちの努力の跡を偲びました。もしそのことが確認されますと、故人の人間像はまた別の拡がりを持って捉えられたかもしれません。

というわけで、この本はその取り上げた主題について、新しい事実を探究するための素材を提供するものになりうれば、幸いだと思います。また秋間さん夫妻が北海道各地を回られ、阿寒湖に立ち寄られたことは、本文末尾に書いた通りですが、実は時を同じくして、阿寒湖の東、矢臼別演習場にむけて、陸路、海路を通る陸上自衛隊の「北方機動特別演習」が展開されておりました。これらはもちろん、秋間さん夫妻とはまったく関係のないことです。しかし北海道はいま、対ソ作戦の基地として、いやその戦場として見立てられています。これらの最近の状況も念頭においた叙述をしたかったのですが、果たせませんでした。もうひとつ、この本のサブ・テーマとして故宮沢弘幸さんの北方少数民族への関心とあわせて、国家秘密法と北方少数民族との関連を考え合わせてみたかったのですが、それも私の力を遥かに越えておりました。

東京にいて日常の仕事をしながら、四、五十年前の北海道での出来事を短い期間に調査することは、思いの外、困難なことでした。しかし、たくさんの人たちのご協力をいただきました。まず札幌の山本玉樹さんです。北大での研究と教務の合間を縫って、戦時下の北大事情をお調べになりました。この本で紹介した『北大新聞』や『北海タイムス』の記事の検索は、すべて山本さんによるものです。この仕事ができたことの半ばは、山本さんのお力です。有り難うございました。当然のことながら、秋間美江子さん、秋間浩さん夫妻のご協力がこの本を生みだしました。美江子さんは、アメリカに置いてきた資料を私にみせるために、太平洋を往復なさったこともありました。故宮沢弘幸さんと青春期の友情を共にした人々と故レーン夫妻、故ヘルマン・ヘッカーさんを師と仰ぐ方々から、朝比奈英三さん、小沢保知さん、東晃さん（北大名誉教授、国際基督教大教授）、松本照男さん、滝沢義郎さんをはじめ、多くの方々からたくさんのことを教えていただきました。それに札幌弁護士会の方々の調査からも、多くのことを拝借させていただきました。とりわけ精力的に調査に打ち込まれた郷路征記さん、フィレンツェでマライーニさんに会ってこられた高橋剛さんたち、宮沢事件の弁護にあたられた斎藤忠雄さんから貴重な事実を教えていただきました。それらのことをお許しいただだいた札幌弁護士会と会長の藤本昭夫さんにお礼を申しあげます。

私の所属する東京合同法律事務所の藤原真由美さん、斎藤直喜さん、善木しのぶさんが調査その他に協力してくれました。この本は当初、藤原さんとの共著にする予定でしたが、藤原さんが出産のために暫く仕事を休まれたために、私ひとりの本となりました。この本の調査、執筆の進行と完成をわがことのように配慮してくれた事務所同人諸兄姉への感謝は、いうまでもありません。この本はこのほかたくさんの方々のお力を拝借して、完成にいたりましたが、その叙述の責任がすべて私一人にあることは、当然のことながら強調しておきます。どうか国家秘密法案を葬り去るために死者と生者の力を合わせることに、この本が役立ちますように。

なお、本文中、敬称は一切省略し、戦時下の文献の引用にあたっては、片仮名を平仮名に改め、句読点、濁点などをつけましたが、送り仮名、仮名遣いなどは原文のままにしました。

一九八七年七月二十九日

上田誠吉

解　説

藤原真由美（弁護士）

この本の復刻を準備していた昨年（二〇一二年）一二月八日、「ある北大生」宮沢弘幸さんの実妹で、アメリカ・コロラド州ボウルダーに住む秋間美江子さんから、ストールやネクタイのプレゼントと一緒に、真っ赤なクリスマスカードが送られてきた。そのカードには、こう書かれていた。「今日　こちらは一二月七日（日本は一二月八日）。私は　新たな涙にむせんで居ます。今朝、兄　弘幸がとらえられた　その一報で、私の　多分両親も、その人生が一変した日なのです。兄の身体にかかった傷、そして精神的にうけたぶじょく。上田先生や真由美先生のおかげがなければ、多分まだ　私は　なまみのまゝくるしんでいるのでしょう。ありがとう　ＭＩＥＫＯ」

「スパイ事件」との出会い

今から二五年前、弁護士になって間もない私は、事務所の上田誠吉弁護士に連れられ、赤坂の小料理屋で、秋間美江子さんとその夫、浩さんにはじめてお会いした。開戦と同時に「スパイ」

の汚名を着せられ、刑務所に入れられて二七歳の若さで他界してしまった兄宮沢弘幸の事件にたいする疑問や、戦後半世紀を経てもなお続く家族の悲しみと苦悩を、感情をおさえ、とつとつと語るお二人に、言葉にならない衝撃を受けたのである。

本書のプロローグで上田弁護士が告白しているように、上田弁護士は秋間浩さんから、「義兄である宮沢弘幸さんのスパイ事件について、さらに深く解明してくれるよう」手紙で依頼されていたのだが、あまりにも重い問題提起に、どうしたらよいものか迷っていた。まずは事件の記録と証拠を自ら精査したいということでお二人の了解を得、どこにでも飛んでいく新人弁護士の私を、事件の調査担当者に「任命」したのだった。

宮沢弘幸さんが「スパイ」?

「スパイ」など、007の映画でしか見たことのない私が、恐く陰湿なイメージを持っていた「スパイ」。しかし、美江子さんの口からあふれるように語られる宮沢弘幸さんのエピソードは、私の「スパイ」のイメージと、あまりにかけ離れていた。幼少の頃から好奇心が旺盛で、旅行が大好きだった宮沢さん。北大に入学してからは、電気工学を専攻し技術エリートの途を歩みながら、古典や哲学にも取り組んだという。北大に勤務するほとんどすべての欧米人教師を師とし、なかでも米国人のレーン夫妻、イタリア人フォスコ・マライーニ、ドイツ人ヘルマン・ヘッカーなどとは、家族ぐるみの交流を楽しんで、英語、ドイツ語、フランス語、イタリア語などを次々に習得。その知的好奇心は、西欧のみならず辺境の地や海外にある日本の植民地にまで広がり、北大在学中に、樺太や満州をはじめ四度にわたる大旅行を敢行。旅行で得た知見をもとに「大陸一貫鉄道論」を雑誌に連載するなど、ワールドワイドな新機軸を社会に向かって発信している。

上田弁護士と私は、戦争に向かって閉塞していく時代のなかで、自由な精神で世界にはばたこうとした宮沢さんに感嘆し、次第に惚れ込んでいった。そして、太平洋戦争を目前に、宮沢さんたちが敵も味方もなく、人種も国境も越えた師友の人間のきずなを確実に育んでいたこともまた、驚くべきことであった。

スパイは、つくられる

宮沢さんのような、何でも見てやろうという好奇心のかたまりのような、進取の気性に富んでいる人、思ったことを素直に話し行動する人は、自由で民主的な社会でこそ評価され、社会的な成功を手にすることもできる。しかし、いったん国家が戦争に向かって走り出す時、ベクトルは真逆になる。価値観が戦争遂行に一元化され、自由な活動が制限されていく社会では、宮沢さんのような存在は「要注意人物」としてマークされる。そして、樺太を旅行した際に偶然見かけた、根室の海軍飛行場のことを友人のアメリカ人夫妻に話したなどという「ちっぽけな」ことが、「軍事秘密の漏えい」とされるような事態が引き起こされるのだ。太平洋戦争に向かおうとする日本で、「スパイ」の多くは、実はこうして「つくられた」のではなかったか。

もし、これからの日本が再び戦争をする国に向かい、国家秘密を保護する法律ができたとしたら、国民の誰もが「スパイ」となる危険にさらされるだろう。何しろ、日本国憲法のもとに表現の自由を謳歌し、国内外に頻繁に旅行に出かけ、携帯で写真を撮ってはインターネットに投稿する若者がたくさんいる今の日本。偶然自衛隊の演習場が入っている富士山の写真を撮ったり、海上自衛艦が通りかかる沖縄の海の写真を撮ってブログに載せたら、「軍事秘密の漏えい」＝スパイになってしまうかもしれないのだ。

最初、調査だけで終了しようと考えていた上田弁護士が、この本の出版を決意した理由は、ここにある。

何が秘密か、それは秘密です

国家秘密は、国が秘密を指定する。国が秘密を守ろうとすれば、何を秘密に指定したのかを秘密にしなければならない。だから、国民はそれが国家秘密を含んでいることを全く知らずに写真をとったり、見たことを話したりする。その行為が、「秘密漏えい」になってしまうのだ。逮捕され、起訴され、裁判が開かれるが、何が秘密なのかが明らかにされると、「秘密」ではなくなってしまうので、法廷でも「秘密」の内容は明らかにされない。だから、自分が何をどうしたことが「秘密漏えい」なのかわからないまま、裁判が終わる。弁護人も、起訴状に書かれた「秘密」の具体的な中身がわからなければ効果的な弁護をすることはできない。宮沢さんは、大審院まで上告して争ったが、棄却されて下獄した。「裁判は茶番だった」宮沢さんは、そう述べていたという。

本書を書きながら、上田弁護士の冗談まじりの口癖になった言葉——「何が秘密か、それが秘密なんだ！」。

今、「憲法改正草案」に「国防軍」や「機密保持」が

昨年の総選挙で過半数の議席をとった自民党がめざす「憲法改正」。昨年四月に自民党が決定した「日本国憲法改正草案」を、ご覧になっただろうか。「日本国は、長い歴史と固有の文化を持ち、国民統合の象徴である天皇を戴く国家であって……」から始まる、復古的色彩が濃厚な前文。そして、九条二項の戦力不保持と交戦権否認の規定を削除したうえで、「国防軍を保持」することを明記。さらに、国防軍の「機密保持に関する法律」を定めるとしている。

実は、この機密保持に関する法律は、すでに「秘密保全法制」として着々と準備が進められている。この法案は、①国の安全（防衛）、②外交、③公共の安全と秩序の維持の三つの分野の情報のうち、国の存立にとって重要な情報を「特別秘密」に指定し、その漏えいや不法な方法でのアクセスを重く処罰している。しかし、①②③の秘密の範囲はあまりに広く、「秘密」に指定されているとは知らずにアクセスした人が処罰される危険性は大きい。あたかも、宮沢さんが「秘密」とは知らずに飛行場のことをレーン夫妻に語ったことが、「軍事機密を漏えい」したとされ

たように。

なお、この秘密保全法制の問題点については、日本弁護士連合会のホームページ（http://www.nichibenren.or.jp）に詳しいので、是非ご覧になっていただきたい。

最後に

宮沢さんの「スパイ」事件の真相究明に、わずかながら尽力した私も、出産のためしばらく調査から手を引くことになった。そして、上田弁護士が本書を完成させた一九八七年七月二九日、私も娘を無事出産した。その娘も、今は大学を卒業し、就職した会社から国際連合に派遣されてアジアの国々を飛び回っている。宮沢さんのように、世界に飛び出し、人種や国境などものともせずに人間のきずなをつくっている若者が、当たり前に活躍している今の日本。決して昔の暗黒の日本に逆戻りさせるような憲法改正を、秘密保全法の制定を、許してはいけない。宮沢さんのような犠牲者を、二度と生んではならない。

上田誠吉（うえだせいきち）
1926年生まれ。弁護士。元自由法曹団団長。2009年没。
主な著書
『誤った裁判』（共著）岩波新書
『国家の暴力と人民の権利』新日本出版社
『裁判と民主主義』大月書店
『ある内務官僚の軌跡』大月書店
『昭和裁判史論』大月書店
『戦争と国家秘密法』イクオリティ
『核時代の国家秘密法』大月書店
『人間の絆を求めて――国家秘密法の周辺』花伝社
『いま、帝の国の人権』花伝社
『治安立法と裁判』新日本出版社
『民衆の弁護士論』花伝社
『見えてきた秘密警察――緒方宅電話盗聴事件』花伝社
『司法官の戦争責任――満州体験と戦後司法』花伝社、他多数

ある北大生の受難――国家秘密法の爪痕

2013年4月10日　初版第1刷発行
2013年12月16日　初版第2刷発行

著者 ―― 上田誠吉
発行者 ― 平田　勝
発行 ―― 花伝社
発売 ―― 共栄書房
〒101-0065　東京都千代田区西神田2-5-11出版輸送ビル2F
電話　03-3263-3813
FAX　03-3239-8272
E-mail　kadensha@muf.biglobe.ne.jp
URL　http://kadensha.net
振替 ―― 00140-6-59661
装幀 ―― 黒瀬章夫（ナカグログラフ）
印刷・製本 ― 中央精版印刷株式会社

ISBN978-4-7634-0658-3 C0036